Unser Garten
ein Tierparadies

Dr. MICHAEL LOHMANN

Unser Garten ein Tierparadies

Tiere anlocken, schützen, beobachten

Was Sie in diesem Buch finden

Einführung 7

Tierparadies Garten 8
Tierische Artenvielfalt 8
Artenvielfalt sorgt für Ausgleich 10
Vernetzung im Naturgarten 11

Zur Gestaltung eines »Tier-Gartens« 12
Wie sieht die Umgebung aus? 14
Lebensbedingungen verbessern 16
Der Boden als Grundlage 17
Wiese, Kräuter und Stauden 21
Bäume sind Lebensräume 24

Vögel 27

Ein Garten für Vögel 28
Welche Vögel kommen in
den Garten? 28
Bäume und Sträucher –
Wohnungen der Vögel 31
Wildstauden bieten Schutz
und Nahrung 34
Fütterungen und Tränken 36
Nistkästen und Futterhäuschen
bauen mit Kindern 43
Vögel beobachten 48

Lurche und Kriechtiere 55

**Ein Garten für Frösche, Kröten und
    Konsorten 56**
Wasser – Urquell des Lebens 60
Gestaltung eines Gartenteichs 62
Kröten 66 | Grüne Frösche 69
Braune Frösche 72 | Molche 74

Ein Garten für Schuppentiere 76
Schutzwürdige Raritäten unserer
Tierwelt 77 | Die häufigeren
Arten 78 | Was können wir
für Reptilien tun? 84 | Steine
und Mauern – von Tieren
bewohnt 85

Säugetiere 89

Ein Garten für Igel 90
Ammenmärchen 90 | Womit man Igel
verführen kann 94 | Mit Kindern eine
Igelwohnung bauen 96 | Das kleine
Igel-Einmaleins 97 | Wie können wir
Igel schützen? 104

**Fledermäuse brauchen unsere Zuneigung
und Hilfe 107**
Schauergeschichten 107 | Aus
dem Leben der Fledermäuse 109

Orientierung wie mit der Einpark-
hilfe 110 | Bauanleitung für einen
Fledermauskasten 114 | Die
häufigeren Fledermausarten und
ihr Vorkommen 116 | Schutz den
Fledermäusen! 118 | Fledermaus
gefunden – was tun? 118

Andere Säugetiere im Garten 120
Die kleinen Spitzer 121 | Lichtscheue
Gesellen 123 | Mäuse mit kurzen und
langen Schwänzen 125 | Was klettert
denn da? 126 | Jäger der Nacht 130

Insekten 133

**Ein Garten, in dem es summt
und brummt 134**
Nahrungsgrundlage und Augen-
weide 134 | Schmetterlinge
und ihre Raupen 135 | Bienen,
Hummeln, Wespen 140 | Wiesen-
musikanten 143

**Spiel- und Bastelideen rund um
die Insekten im Garten 145**

Anhang
Literatur 154 | Nützliche Adressen 155
Stichwortverzeichnis 156

Einführung

Vielleicht gehören Sie auch zu den Glücklichen, die entdeckt haben,

dass Glücklichsein nicht von Weltreisen oder TV-Berühmtheit abhängt.

Es liegt viel öfter im Kleinen verborgen und – wie der Volksmund weiß –

gleich vor der Haustür. Selbst ein Handtuchgarten kann mit seinen

Wundern des Wachsens und Blühens und mit all den Tieren, ihrem

Kommen und Gehen, zu einem Hort des Erlebens, einer Stätte stiller

Beobachtung und versunkener Glücksmomente werden. Wir müssen

nur schauen (so wie Goethe es meinte), uns öffnen.

Tierparadies Garten

Gärten waren und sind immer »botanische« Gärten. Gleichgültig ob Zier- oder Nutzgarten, die **Pflanze** steht im Mittelpunkt, ist das alleinige Objekt unseres Interesses. Tiere haben da nichts zu suchen, gelten zunächst einmal und in der Regel als Störenfriede, als Schädlinge in diesem Paradies der Blumen und Früchte. (Wobei hier wie auch im Folgenden mit »Tieren« immer nur **Wildtiere**, nicht Haus- und Heimtiere gemeint sind.) Stare, die einem die Kirschen klauen, Amseln, die an den ersten Krokussen zupfen und unsere Johannisbeeren plündern, Blattläuse an den Rosen, Raupen am Kohl und Schnecken überall ... Kein Wunder, dass da viele meinen, auf Tiere im Garten könne man gut verzichten. Willkommen sind allenfalls ein paar »Nützlinge«: die fleißig bestäubende Biene, die raupensammelnde Kohlmeise, der bodenverbessernde Regenwurm. Geduldet werden vielleicht noch ein paar bunte Tagfalter am Sommerflieder, ein nicht zu früh und nicht zu laut singendes Rotkehlchen, der Besuch eines Igels (sofern er keine Würstchen auf der Terrasse hinterlässt).

Diese konventionelle Gärtnerhaltung verschwindet mehr und mehr. Der Sinneswandel begann schon mit dem Aussterben der Gemüsebeete, mit der Entwicklung zum pflegeleichten Ziergarten. Zum eigentlichen »**Paradigmenwechsel**« kam es aber erst mit der Naturgartenbewegung, als die Anlage von sogenannten Biotopen Mode wurde. Damit öffneten die Hausgartenbesitzer – bildlich gesprochen – ihre Gartentüren für all das, was auch eine Landschaft erst lebendig macht, für summende und schwirrende Insekten, für zwitschernde und flatternde Vögel, für Fische und Frösche und vieles mehr.

Tierische Artenvielfalt

Wie wir speziell bei den Vögeln und Insekten sehen werden, besteht ein großer Teil der Tiere, die wir in diesem Band betrachten wollen, aus Arten, die nicht eigentlich Bewohner, sondern nur **Gäste der Gärten** sind. Sie kommen und gehen nach nicht immer erkennbaren Regeln, auf der Suche nach Nahrung oder einem Partner, oder aber zugetragen vom Wind oder Zufall, für einige Stunden oder nur Minuten.

Aber ist das nicht auch das Reizvolle an diesem Thema? Im Gegensatz zum Haustier, dessen Abhängigkeit uns bindet, verpflichtet einen der Reigen der Wildtiere zu nichts – allenfalls zu ein wenig Einfühlungsvermögen, ein wenig Rücksicht und viel Aufmerksamkeit. Das Kommen und Gehen von Vögeln, Hummeln und Schmetterlingen, von Igeln, Eidechsen und Fröschen gleicht einem **Schauspiel der Natur**, das gerade durch das Unvorhersehbare, ständig Wechselnde für immer neue Überraschungen und für Spannung sorgt. Und wenn wir dem Woher und Wohin unserer Gartengäste nachsinnen, verbindet uns dies auf wunderbare Weise mit unserer Umwelt, mit

Ob gewöhnlicher Star oder seltener Gimpel – Vögel sind von all den Gartentieren sicher die unterhaltsamsten, stimmungsvollsten und hübschesten.

den Nachbargärten, mit der weiteren Landschaft und der ganzen lebendigen Welt. Im Unterschied zu den an Pflanzenarten reichen, an Tierarten eher spärlich ausgestatteten Gärten fällt in der Natur die **große Zahl von Tierarten** auf. Insgesamt gibt es mindestens dreimal so viele Tierarten wie Pflanzenarten auf der Erde. Das ist merkwürdig, denn für die fundamentalen Stoff- und Energiekreisläufe in den Ökosystemen sind Tiere eigentlich entbehrlich. (Bakterien und Pilze nicht zu den Tieren gerechnet.) Offenbar spiegelt der Artenreichtum der Tierwelt die größere Zahl von Lebensmöglichkeiten (man spricht auch von ökologischen Nischen) wider, die allein schon durch die freiere **Beweglichkeit** von

Tieren gegeben ist. Außerdem können Tiere nicht nur die vielen pflanzlichen Ressourcen nutzen, sondern – als »Räuber« oder Parasiten – auch andere Tiere zu ihrer Lebensgrundlage machen. In dem unendlich verzweigten und mehrfach hierarchisch gegliederten **Netz von Nahrungsbeziehungen** zwischen Tieren und Pflanzen sowie zwischen Tieren und Tieren (man spricht hier auch von Nahrungsketten, -netzen oder -pyramiden) sind zahllose ökologische Nischen entstanden, von denen die Tierwelt mit einer Unzahl von Anpassungen (Arten) Gebrauch macht. **Vielfalt und Komplexität** erweisen sich immer wieder als ein der Evolution, der organischen Entwicklung zugrunde liegendes »Motiv«.

Artenvielfalt sorgt für Ausgleich

Ist die Artenvielfalt nur ein Spiel der Natur mit Formen, Farben und Funktionen? Wer näher hinschaut, wird bald auch einen Zweck solcher Diversifizierung erkennen: In allen Ökosystemen (die sich aus Lebensraum und Lebensgemeinschaft zusammensetzen) ist ein bemerkenswert funktionierendes **Gleichgewicht** zwischen produzierenden Pflanzen (Produzenten) und konsumierenden Tieren (Konsumenten) zu beobachten. Denn wenn auch die Zahl der Tierarten deutlich größer ist als die der Pflanzenarten, so ist doch das Verhältnis von Tier-Menge zu Pflanzen-Menge (»Biomasse«) stets umgekehrt. Das heißt, die schiere Masse an Tieren ist nirgends auf Dauer so groß, dass die Gefahr des Kahlfraßes, der unumkehrbaren Vernichtung der pflanzlichen Lebensgrundlage bestünde. Wobei weniger die momentane als die je Zeit-einheit heranwachsende Biomasse von Bedeutung ist.

Störungen des dynamischen Gleichgewichtes zwischen Produktion und Konsum, etwa durch Übervermehrung einer pflanzenfressenden Tierart und Vernichtung des Pflanzenbestandes, treten unter natürlichen Bedingungen allenfalls vorübergehend auf. Dass sich die Ungleichgewichte der Lebensgemeinschaft bald wieder einpendeln, dafür sorgen in der Tierwelt zahlreiche **Regulationen** wie die sogenannten Räuber-Beute-Beziehungen (wenn es viele Blattläuse gibt, vermehren sich auch die Marienkäfer stärker) oder Krankheiten, die sich um so rascher ausbreiten, je dichter eine Population ist. Vor allem aber bedingen meist die knapp werdenden Nahrungsgrundlagen selbst einen rechtzeitigen Zusammenbruch der »Schädlings-«Vermehrung: Eine Rinderherde ist längst verhungert, bevor der letzte Grashalm gefressen wurde. Dass diese Regulationen als Grundlage eines dynamischen Gleichgewichts in Monokulturen des Menschen kaum noch funktionieren, zeigt, wie groß der Unterschied zu den tausendfach vernetzten natürlichen Ökosystemen ist. Borkenkäfer, Prozessionsspinner, Maiszünsler und wie die Plagen der Land- und Forstwirtschaft alle heißen, sind Symptome extrem reduzierter Ökosysteme.

Der hübsche Marienkäfer, der die hässlichen Blattläuse frisst, passt so recht in unser Freund-Feind-Denken. Dabei frisst die hässliche Marienkäferlarve noch viel mehr Blattläuse.

Vernetzung im Naturgarten

Diese vielleicht etwas theoretischen Überlegungen sind für den Naturgartenfreund die Grundlage seines Tun und Lassens – wobei das Lassen oft wichtiger ist als das Tun. Da und dort ist eine Tendenz in der Naturgartenbewegung zu beobachten, aus dem »botanischen« Garten von einst nun einen **»zoologischen« Garten** zu machen – oder beides in einem. Es ist verlockend, den Naturgarten als kleines Paradies, als ein Refugium für lauter hübsche, nette, nützliche oder bedrohte Tier- und Pflanzenarten zu sehen. Aber entsprechen solche **Wertmaßstäbe** den Bedürfnissen und Notwendigkeiten der Natur? Eine Haselmaus oder ein Zaunkönig sprechen den Menschen gefühlsmäßig nun einmal stärker an als eine Spinne oder eine Motte. Dabei spielen gerade die kleinen, unscheinbaren Organismen ökologisch eine besonders große Rolle, was allein schon aus der erstaunlichen Tatsache zu schließen ist, dass die Biomasse aller Insekten die sämtlicher übrigen Landtiere übertrifft.

Bevor wir an die schöne und reizvolle Aufgabe gehen, wenigstens das eine oder andere Tor im Gartenzaun dem frischeren Wind der Natur zu öffnen, müssen wir die **Spielregeln der Natur** kennen und anerkennen. Wir müssen wissen, dass Erdkröte, Igel, Rotkehlchen und viele andere Lieblinge des Naturgärtners Endglieder vielfältiger Nahrungsketten sind. Sie bilden nur die Spitze einer Nahrungspyramide, die auf einem breiten Fundament vielfältiger heimischer Pflanzen- und Tiergesellschaften steht, samt deren Abfällen und

Das Rotkehlchen erfüllt alle Ansprüche des »Kindchenschemas« (K. Lorenz) und ist uns deshalb so lieb.

Myriaden von Kleinorganismen, von denen wir viele mit bloßem Auge gar nicht sehen können oder vor denen wir uns ekeln. Die **Freude** am schwirrenden Flug einer Libelle, am Gesang eines Rotkehlchens in der Dämmerung sind oft der Anfang einer engagierten Naturgartentätigkeit. In der Entwicklung sind Libelle und Vogelgesang aber gewissermaßen späte Früchte eines ganzen Komplexes von Bedingungen. Wer gegenüber Falllaub, Brennnesseln und Raupen nicht die nötige **Toleranz** aufbringt, sie nicht als notwendige Grundlage eines vielfältigen Lebens versteht und annimmt, der wird die Freuden an der Entfaltung natürlicher Lebensgemeinschaften mit ihren vielerlei Überraschungen kaum kennenlernen.

Zur Gestaltung eines »Tier-Gartens«

Kaum ein Garten gleicht dem anderen. Gärten sind einerseits ein Spiegel unserer Gesellschaft (von Stadtplanern, Gartengestaltern, Moden usw.) und andererseits sehr individuelle Spiegel ihrer Bewohner, Nutzer und Pfleger. Diese Vielfalt in Bepflanzung, Pflege, Nutzung und Betreuung wirkt sich im Zusammenspiel mit der Beschaffenheit der weiteren Umgebung in der vielfältigsten Weise auch auf die erwünschte oder unerwünschte Tierwelt der Gärten aus.

Es ist gar nicht leicht, die wichtigsten Ursachen und Bedingungen herauszufinden, von denen es abhängt, wie viele und welche Tierarten sich in einem Garten wohlfühlen. Die Zahl der Faktoren ist groß und die Zahl der davon abhängigen Tierarten ebenfalls. Ganz allgemein kann man aber sagen, dass das **Umfeld eines Gartens** einer der entscheidenden Faktoren ist. Zumal wenn es um Hausgärten geht, deren **Größe** einfach nicht ausreicht, Tieren, die – sagen wir – größer als ein Regenwurm sind, als ganzjähriger Lebensraum zu dienen. Man glaubt gar nicht, wie groß die Ansprüche selbst von Schmetterlingen und anderen Insekten an Ausdehnung und Abwechslungsreichtum ihres Lebensraums sind. Ganz zu schweigen von größeren Wildtieren. Besonders die flugfähigen Tiere – Insekten, Vögel, Fledermäuse –, aber auch gute Läufer unter den Kleinsäugern – Igel, Marder, Feldmäuse – betrachten in der Regel mehrere bis viele Gärten als ihr Revier. Darum hängt die Artenvielfalt unseres eigenen Gartens ganz

wesentlich auch davon ab, wie unsere **Nachbarn** mit ihren Gärten, wie die **Stadtverwaltungen** mit dem öffentlichen Grün umgehen. Und natürlich stehen Art und Zahl der unseren Garten besuchenden Tiere in direktem Zusammenhang damit, ob wir mitten in einer Stadt oder in der Nähe eines Waldes oder Sees wohnen.

Doch selbst in einer Reihenhaussiedlung, in der alle Gärten von gleicher Größe, gleicher Lage zur Himmelsrichtung, gleicher Bodenbeschaffenheit, gleichem Umfeld usw. sind, werden die persönlichen Vorlieben in **Gestaltung** und **Bepflanzung**, die persönlichen Bedürfnisse in **Nutzung** und **Pflege** der Bewohner entscheidend dafür sein, wie sich jeder dieser anfangs nahezu identischen Gärten entwickelt, wie viele und welche Tiere jeder Garten nach einer gewissen Zeit und zu einer bestimmten Zeit beherbergen wird.

Ob wir eine in unserem Garten brütende Meise, die das Futter für ihre Brut aus einem nahen Wäldchen holt, ob wir einen in unserem Teich laichenden und danach wieder abwandernden Grasfrosch als Gartengast oder Gartenbewohner bezeichnen, ist nicht von Bedeutung. Woran mir liegt, ist der Hinweis darauf, dass Tiere meist sehr **unterschiedliche Lebensraumansprüche** haben, die mit einem – zumal kleinen – Garten nur teilweise abzudecken sind.

Das gilt übrigens auch für die freie Landschaft: Mäusebussarde brüten in Wäldern, brauchen zur Mäusejagd aber Wiesen und

Blaumeisen wirken zerbrechlich, sind aber recht robuste und konkurrenzstarke Mitglieder der Vogelwelt.

Die Raupen von Tagpfauenauge, Kleinem Fuchs (Foto) und anderen sehen nicht »schön« aus und bevorzugen Brennnesseln.

Felder. Erdkröten und Grasfrösche können sich ohne Wasser nicht fortpflanzen, leben den Großteil des Jahres aber fernab von Gewässern. Kleiner Fuchs und Tagpfauenauge stärken sich am Nektar bunter Blüten, ohne Brennnesseln für ihren Nachwuchs gäbe es sie aber nicht.

Dieses und viele andere Beispiele zeigen, wie komplex die Abhängigkeiten vieler Tiere sind. Ihre **Beweglichkeit** ermöglicht es ihnen, hier zu fressen, dort sich zu verstecken und ganz woanders für Nachwuchs zu sorgen. Ihre Mobilität ermöglicht es ihnen, den Tag oder die Nacht zu nutzen, um auf Nahrungssuche zu gehen, und sie ermöglicht es ihnen, den Som-

mer hier und den Winter dort zu verbringen. (Vögel und Schmetterlinge haben den Tourismus Millionen Jahre vor uns entdeckt!)

Wenn aber nur einzelne Steinchen in diesem Mosaik tierischer Lebensräume fehlen (zerstört sind), dann nützt weder der Schutz eines Teillebensraumes noch die größte Beweglichkeit, der erstaunlichste Wanderinstinkt nicht mehr viel. Wir mögen uns noch so bemühen, dem **Gartenrotschwanz** den Verlust an natürlichen Baumhöhlen mit Nistkästen im Garten wettzumachen. Wenn in seinen afrikanischen Winterquartieren die Wüsten sich ausbreiten, dann wird man bald sein hübsches Lied nicht mehr hören.

Gleiches gilt für viele unserer Gartentiere. Beispiele wie das vom Gartenrotschwanz sollten uns als Garten- und Naturfreunde sensibel und bescheiden zugleich machen. Sensibel für die ebenso wunderbaren wie komplizierten – und oft globalen! – Verflechtungen allen Lebens; bescheiden im Hinblick auf unsere Möglichkeiten, mit unserem Garten einen **Beitrag zum Naturschutz** leisten zu können. Wir *können* einen Beitrag leisten, aber er ist bescheiden. Darum sollten wir uns auch jenseits unseres Gartenzauns für eine gesunde und lebensvolle Welt einsetzen.

Wie sieht die Umgebung aus?

Das Umfeld spielt also eine ebenso wichtige wie leider meist kaum beeinflussbare Rolle für das Tierleben unseres Gartens. Die meisten Hausgärten (und sogar Dachgärten) liegen nicht isoliert in einer leblosen Umgebung, sondern haben direkten oder indirekten Kontakt mit anderen Gärten, mit öffentlichen Grünflächen, mit Feldern und Wiesen oder sogar mit einem Wald, See oder Fluss. Davon, wie diese nähere und weitere Umgebung des Gartens beschaffen ist, hängt die Vielfalt und Zusammensetzung der Gartenfauna entscheidend ab.

Im Allgemeinen haben wir, wie gesagt, keinen Einfluss auf Gestaltung und Nutzung des Gartenumfeldes. Nur beim Kauf eines Grundstücks hat man möglicherweise die Wahl. Ansonsten kann ein **Gespräch über den Gartenzaun** nie schaden. Auch wenn wir uns hinsichtlich des Ergebnisses keine übertriebenen Hoffnungen machen sollten – ein eingefleischter Ordnungsfanatiker wird sich kaum zu etwas mehr Wildwuchs überreden lassen –, so kann man doch manchmal das eine oder andere Samenkorn ökologischen Denkens über den Zaun schmuggeln oder sich vielleicht sogar auf eine gemeinsame Wildstrauchhecke entlang der Grundstücksgrenze einigen.

Gut nachbarschaftliche Beziehungen sind ohnehin für jeden Gartenbesitzer ein Muss, wenn er die oft genug vor Gericht endenden **Streitigkeiten vermeiden** will, zu denen unterschiedliche Anschauungen über Nutzen und Schaden von Wurzeln, Ästen, Früchten, Herbstlaub und anderem, das sich nicht an Grundstücksgrenzen hält, viel häufiger führen, als man es für möglich halten möchte. In Fällen unüberbrückbarer gartenanschaulicher Differenzen bietet das unverfängliche Thema Wetter stets Stoff für ein paar friedenstiftende Worte.

Wo direkte Bekehrungsversuche wenig Aussicht auf Erfolg haben, kann man andere Wege beschreiten. So lässt sich dem von Gartenchemie und Maschinenpark, von unkrautfreiem Rasen und Blautanne allzu faszinierten Nachbarn bei passender Gelegenheit ein hübsch bebildertes Büchlein (wie dieses) über die Freuden eines etwas natürlicheren Gartens überreichen. Auch kann man ihn oder sie (oder beide) mitnehmen zur Versammlung eines fortschrittlichen **Gartenbauvereins** oder einer lokalen **Naturschutzgruppe**.

Der Rückhalt solcher Gruppen kann auch nützlich sein, wenn sich die Mitarbeiter des städtischen Gartenamtes bei Gestaltung und

Die umgebende Landschaft spielt eine wichtige Rolle dafür, welche Wildtiere einen Garten besuchen oder ihn zu ihrem Wohnsitz machen.

Pflege der **öffentlichen Grünanlagen** allzu grobe Verstöße gegen die Regeln des ökologischen Anstands zuschulden kommen lassen. Immer auf offene Ohren stößt man bei kommunalen Verwaltungen mit dem Argument der **Kostenersparnis** durch weniger penible Pflege öffentlichen Grüns. Und da sich Stadtväter vor der öffentlichen Meinung fürchten, kann man dezente **Schilder** empfehlen, die auf Namen und ökologische Bedeutung von »Unkräutern«, einer spät gemähten Wiese, eines verrottenden Reisighaufens oder eines Steinhaufens hinweisen.

Hier darf der Hinweis nicht fehlen, dass die Summe aller Gärten und Grünanlagen in Mitteleuropa die Fläche der ausgewiesenen Naturschutzgebiete in den meisten Ländern um das Mehrfache übertrifft. Zwar können Gärten als Lebensraum für Tiere mit großräumigen Schutzgebieten meist nicht konkurrieren, sie

sind aber trotzdem ein wichtiges Gegenge-
wicht zur immer noch wachsenden Verödung
landwirtschaftlicher Flächen. Selbst in Innen-
städten ist der Tierartenreichtum, etwa bei Insekten und Vögeln, oft höher als der baum-
und strauchloser Feldfluren.

Lebensbedingungen verbessern

In welchem Umfang ein Garten wild lebenden
Tieren Lebensbedingungen bietet, Heimat
oder gastlicher Aufenthaltsort sein kann,
hängt aber auch und oft vor allem von seiner
eigenen Beschaffenheit ab. Sogar kleine Gärten können vielen Tierarten durchaus einen
kompletten Lebensraum bieten, einen Ort, an
dem sie alles finden, was sie zum Leben brauchen. Das gilt besonders für die kleinen, oft

versteckt lebenden Tierarten, auf die wir noch
zu sprechen kommen.

Mit der **Größe des Gartens** nimmt selbstverständlich auch die Zahl der größeren Tiere zu,
die hier sämtliche Bedingungen finden, die
sie zum Leben und zur Fortpflanzung benötigen. Die Grundstücksgröße allein stellt aber
gewissermaßen nur das Potenzial eines Tier-
lebensraumes, oder besser: von Tierlebens-
räumen dar. Ein Hektar eines intensiv bewirt-
schafteten Ackers bietet selbstverständlich
viel weniger Tierarten Lebensmöglichkeiten
als ein Hektar eines reich strukturierten
Mischwaldes. Und der Artenreichtum lässt
sich noch steigern, wenn nicht nur die Strukturen der **Vegetation**, sondern auch **Geländerelief** und **Boden** vielfältig sind. Hier kann
jeder Gartenbesitzer viel für die Lebendigkeit
seines Gartens tun.

Bereits ohne die Absicht, den Reichtum an
Tier- und Pflanzenarten durch eine **Vielfalt
von Kleinbiotopen** zu steigern, weisen heute
viele, besonders ältere Parks, Friedhöfe und
Gärten oft einen höheren Artenreichtum auf
als entsprechende Flächen im Urzustand oder
gar in der Kulturlandschaft (die man heute
wohl treffender als Produktionslandschaft bezeichnet). So wurden etwa im Münchner Nym-
phenburger Park nicht weniger als 73 Brutvogelarten gezählt, deutlich mehr als in jedem
vergleichbaren »natürlichen« Lebensraum in

Stauden, Sträucher, Bäume, Steine – das alles sind
wichtige Strukturen, mit und zwischen denen sich
eine vielfältige Tierwelt ansiedeln kann.

weiter Umgebung. Dieser Effekt lässt sich noch steigern, wenn bei der **Gestaltung** gezielt auf Abwechslungsreichtum geachtet wird. Und das fängt mit dem Boden an.

Der Boden als Grundlage

Boden ist zwar im wahrsten Sinn des Wortes ein sehr grundlegender Faktor in Ökosystemen, er wird aber durch Temperatur, Wind und Niederschläge, durch Pflanzen und Tiere in so hohem Maße selbst verändert und be-

stimmt, dass man zumindest in den oberen Bodenschichten nicht recht weiß, welchem Reich man ihn überhaupt zuordnen soll – dem mineralischen, dem pflanzlichen, dem tierischen? Vielleicht wenden wir uns zunächst den mehr physikalischen Eigenschaften zu, dem Geländerelief und der materiellen Bodenbeschaffenheit, beide von großer Bedeutung für das Tierleben.

Bei den meisten Gärten kann man von **Geländerelief** leider kaum sprechen, da alles topfeben ist. Dabei genügt schon ein aufmerksamer Blick in unsere Landschaften, um die

---

Tipps für Kinder

Wer alles lebt im Boden?

Material: Weckglas, großer Trichter, Sieb, Lampe, Pinzette, Vergrößerungsglas, Untertasse

In den oberen Erdschichten leben viele winzige Geschöpfe. Manche von ihnen fressen tote Pflanzenreste, andere jagen kleinere Tierchen. Sie meiden das Tageslicht, weshalb man sie nur selten zu Gesicht bekommt. Hier werden wir sie jedoch mit Licht dazu bringen, sich zu zeigen.

1. Stelle den Trichter in das Glas, und lege das Sieb darüber. Schütte etwas Erde in das Sieb. Schalte die Lampe darüber an und lass sie eine halbe Stunde brennen. Licht und Wärme werden die winzigen Bodenbewohner nach unten in das Glas treiben. Die Tierchen fliehen durch den Trichter nach unten.

2. Schütte die Tierchen vorsichtig auf die Untertasse, trenne sie mit der Pinzette und betrachte sie mit dem Vergrößerungsglas. Je nachdem, ob die Erde aus dem Wald oder aus eurem Garten stammt, wirst du andere Tierchen finden.

Eine Hand voll Komposterde enthält Millionen kleiner und kleinster Lebewesen.

Zu den größeren Tieren, die sich an der Zersetzung pflanzlicher Abfallstoffe im Boden und Komposthaufen beteiligen, gehören verschiedene Arten von Tausendfüßern. Sie bereiten grobes Material für Einzeller und Bakterien vor.

ökologische Bedeutung von Erhebungen und Vertiefungen, von Hängen und Mulden im Großen wie im Kleinen zu erkennen.

Ganz allgemein: **Bodenerhebungen**, besonders aus wasserdurchlässigem, sandig-kiesig-felsigem Material, bieten vielerlei Möglichkeiten für Trockenheit und Wärme liebende Lebensgemeinschaften. **Bodenmulden** eignen sich, vor allem im Verbund mit lehmig-moorigem Material, für Feuchtflächen aller Art und die dort lebenden Pflanzen und Tiere. Es ist wie beim Wetter: »Hoch« = warm und trocken, »Tief« = feucht und kühl.

Solche Einsichten nützen dem Naturgartenfreund freilich nur dann, wenn sein Garten nicht gar zu klein ist. Mit einer Gartenfläche von weniger als 100–200 m² machen solche Überlegungen wenig Sinn. Auch empfiehlt es

sich, tiefer greifende Maßnahmen der »Landschaftsgestaltung« gleich bei der Bebauung eines Grundstücks zu planen und durchzuführen. Bei bereits bestehenden Gärten ist zu beachten: Da eine der wertvollsten ökologischen Eigenschaften eines Gartens sein **Alter** ist, sollte man gründlich bedenken, ob man in das über Jahre Gewachsene mit Bagger und Schubraupe eingreift. Und hüten Sie sich vor jeder Übertreibung! Machen Sie aus Ihrem Garten auf keinen Fall eine Berg- und Talbahn! Und versuchen Sie auch nicht, eine Miniaturlandschaft mit Hochgebirge, See und Wald zu schaffen! Bescheiden Sie sich und achten Sie bei künstlichen Erhebungen und Vertiefungen auf **natürliche Verhältnisse**, auf sanfte (oder terrassierte) Böschungen.

Vom **Leben** *im* **Boden** haben die meisten Menschen völlig unzureichende Vorstellungen. Abgesehen von wenigen Ausnahmen (Maulwurf, Regenwurm ...) kennt man so gut wie keines der unzähligen Tiere im Boden, und noch viel weniger ist deren ebenso gigantische wie existenzielle Funktion im Naturhaushalt bekannt.

Sicher haben Sie sich schon manchmal Gedanken gemacht, was eigentlich mit all der grünen Pracht des Sommers auf Wiesen, in Mooren, an Seeufern, was mit den Bergen von herbstlichem Falllaub der Parks und Wälder geschieht. Haben sich überlegt, warum nicht im Lauf der Jahre all diese **Abfälle** den Boden höher und höher werden lassen. Tatsächlich erleben wir hier jedes Jahr eine **Kreislaufwirtschaft**, von deren Perfektion jeder Umweltminister nur träumen kann. Und diese Perfektion ist in einer Natur, die nicht

Tipps für Kinder

Nützliche Würmer

Regenwürmer leben im Boden und graben ihre Röhren manchmal bis zu 1,5 m tief. Auf der Suche nach abgestorbenen Pflanzenteilen, die sie besonders schätzen, fressen sie sich unermüdlich durch das Erdreich. Was vorne verschluckt wird, wird hinten ausgeschieden und als kleines Häufchen an die Erdoberfläche geschafft.

Stell dir vor, welche Mengen an Erde von den zwei Millionen Würmern, die unter einem Fußballfeld leben, bewegt werden!

Der Wurmkasten besteht aus zwei etwa 30 × 30 cm großen Plexiglasscheiben, die auf drei Seiten mit mindestens 5 cm dicken Holzleisten verschraubt werden.

Fülle ihn zuerst mit einer etwa 5 cm dicken Schicht aus Kieselsteinen und dann mit verschiedenen Lagen aus Steinen und feuchter Erde. Die Erdschichten sollten eine unterschiedliche Färbung haben, damit du erkennen kannst, wie die Erde von den Würmern durchmischt wird. Decke die Oberfläche mit Gras ab. Beobachte, wie die Würmer einzelne Grashalme in ihre Röhren ziehen. Beide Enden eines Wurmes sehen fast gleich aus, beim genaueren Hinsehen kannst du jedoch bemerken, dass der Kopf spitzer ist. Das breite Band, das manche Würmer in der Mitte ihres Körpers schmückt, ist wie ein Rucksack, in dem sie ihre Eier herumtragen. Die äußere Hülle aus Haut und festem Schleim umgibt und schützt die Eier.

Zwischen Glasscheiben sauber geschichteter Sand, Humus und Streu wird von Regenwürmern rasch »umgegraben«.

nach Wahlperioden sondern nach Jahrmillionen rechnet, auch absolut lebensnotwendig. Man hat ausgerechnet, dass alles Leben auf der Erde innerhalb von 20–30 Jahren an sich selbst ersticken würde, wenn der Stoffkreislauf (das Recycling) nicht so nahezu hundertprozentig funktionieren würde.

Auch wenn den **Abbau der organischen Abfälle** hauptsächlich Organismen leisten, die eigentlich weder zu den Pflanzen noch zu den Tieren gehören (Bakterien und Pilze), so sind doch auch ganze Heerscharen von Tieren damit beschäftigt, die zunächst recht grobe Kost zu zerkleinern und damit den Mikroorga-

Regenwürmer sind des Gärtners beste Freunde. Sie durchmischen Mineralisches und Organisches und ermöglichen durch ihre tief hinab reichenden Gänge, Wurzeln und Regen leichter vorzudringen.

nismen erst richtig zugänglich zu machen. Besonders **Fadenwürmer** (Nematoden) und **Hornmilben** machen sich in riesiger Zahl auf diesem Gebiet nützlich – viele Millionen davon gibt es pro Quadratmeter. Aber auch Asseln, Hundertfüßer, Doppelfüßer, Springschwänze und viele andere beteiligen sich an der Aufbereitung und Zersetzung der organischen Abfälle. (Im Wort Abfall steckt ja – wenn auch gut verborgen – das Bild vom herbstlichen Abfallen des Laubes.)

Die zweite wichtige Aufgabe insbesondere der größeren Bodentiere besteht darin, die schließlich zu **Humus** abgebauten Abfälle mit dem mineralischen Boden zu vermischen. Natürlich machen die daran beteiligten Tiere das nicht selbstlos, sondern weil sie sich von den Bakterien, Pilzen und pflanzlichen Resten im Humus ernähren und die tieferen Bodenschichten aus Gründen der Temperatur- und Feuchtigkeitsregulation aufsuchen. Der absolute Meister auf diesem Gebiet ist der **Regenwurm**, oder besser gesagt: die Regenwürmer – denn es gibt von ihnen bei uns ein gutes Dutzend Arten. Und in 1 m² Wiesenboden kann man bis zu 400 Individuen zählen.

Ihm, dem Regenwurm, hat kein Geringerer als **Charles Darwin** eine ganze Monografie gewidmet, in der es unter anderem heißt: »Es ist wohl wunderbar, wenn wir uns überlegen, dass die ganze Masse des oberflächlichen Humus' durch die Körper der Regenwürmer hindurchgegangen ist und alle paar Jahre wiederum durch sie hindurchgehen wird. Der Pflug ist eine der allerältesten und wertvollsten Erfindungen des Menschen; aber schon lange, ehe er existierte, wurde das Land durch Regenwürmer regelmäßig gepflügt und wird fortdauernd noch immer gepflügt. Man kann wohl bezweifeln, ob es noch viele andere Tiere gibt, welche eine so bedeutungsvolle Rolle in der Geschichte der Erde gespielt haben, wie diese niedrig organisierten Geschöpfe.«

Das Loblied auf den Regenwurm hat noch viele Strophen, von denen wir hier aber nur zwei erwähnen wollen: die Auskleidung seiner unterirdischen Gänge mit einem für Bodenstruktur und Pflanzenwurzeln höchst nützlichen Schleim sowie seinen Kot, den man als die perfekte Gärtnererde schlechthin bezeichnen darf. Denn im Gegensatz zum Pflug oder Spaten graben Regenwürmer den Boden nicht nur um, sondern veredeln ihn gleichzeitig, indem sie Mineralisches und Organisches (Humus) intensiv und feinkrümelig vermischen, dabei das Ganze mit Schleim und Bakterien anreichern und somit den toten (nur für wenige Pflanzen verträglichen) Boden gewissermaßen zum Leben erwecken.

Über dem vorzüglichen Regenwurm sollten wir aber einige weniger angesehene Bodendurchmischer nicht vergessen: **Maulwurf** und **Wühlmaus** tragen ebenfalls ganz erheblich zur Lockerung, Durchlüftung, Dränierung und Durchmischung des Bodens bei, indem sie bis zu einem Meter tief ihre Gänge graben und den Aushub wie beim Umgraben nach oben schaffen. Nicht zu vergessen auch die fleißigen **Ameisen**, die ihre Baue meist unterirdisch anlegen und das Abbaumaterial feinkörnig an die Oberfläche schaffen.

Der Boden dient bekanntlich zudem mancherlei **Insekten** als gut geschützte Kinderstube. So leben viele **Käferlarven** (Engerlinge) im Boden, ebenso die grauen Maden der langbeinigen **Erdschnaken**. Sie ernähren sich teilweise auch von den organischen Abfällen, teilweise aber auch von frischem Pflanzengewebe, besonders von Wurzeln, was sie bei Freunden der Blumen- und Gemüsezucht nicht eben beliebt macht. Gleiches gilt für die **Maulwurfsgrille**, die fingerdicke Gänge meist dicht unter der Oberfläche gräbt, Wurzeln frisst – und das alles schon von frühester Jugend an, da sie zu den Insekten mit unvoll-

kommener Verwandlung gehört. Sie alle schaden zwar der einen oder anderen Pflanze, graben aber gleichzeitig auf schonende Weise den Boden um.

Da wir uns in diesem Buch mit den Tieren des Gartens mehr unter naturkundlichem Aspekt beschäftigen wollen, lassen wir die dem ambitionierten Gärtner stets auf der Zunge liegende Frage nach **Nutzen und Schaden** beiseite, obwohl es Manchem sicher schwerfällt, bei Namen wie Wühlmaus und Maulwurfsgrille neutral zu bleiben.

Wiese, Kräuter und Stauden

Was für größere Tiere der Wald aus Bäumen, das ist für viele Kleinlebewesen der dichte Dschungel aus Gräsern, Kräutern, niedrigen

Die lockeren Haufen des Maulwurfs (Foto) und die etwas grobscholligeren der Wühlmaus sind bei Gärtnern nicht beliebt. Beide tragen aber zur Durchmischung des Bodens bei – und der Maulwurf beißt auch keine Wurzeln ab.

Eine Blumenwiese im Garten ist ein artenreicher Lebensraum und eine Augenweide zugleich.
Ein gemähter Pfad macht sie auch begehbar.

und hohen Stauden. Dieser »Miniwald« kann immerhin mehr als einen Meter hoch werden, im Fall von Röhricht sogar zwei bis drei Meter, und er ist oft so dicht, dass selbst größere Tiere und der Mensch sich nur mit Mühe darin fortbewegen können.

Vor allem Wiesen bilden diesen Lebensraum, aber auch Hochstaudenfluren, Seggenriede, Röhrichte kann man dazu rechnen sowie Heiden (obwohl sie aus Zwergsträuchern bestehen). Für den Garten interessant sind Rasen, Wiese und Staudenflur.

Die **Tierwelt des Stängel- und Blütenwaldes** ist so artenreich und voller versteckter Schönheiten, dass man ein Leben lang damit zu tun hätte, all seine fliegenden, krabbelnden, bohrenden, hüpfenden Bewohner und ihre Le-

bensweisen kennenzulernen. Wenn wir mit den größten Tieren der Wiesen und Staudenfluren beginnen wollen, so könnten wir zwar den Feldhasen und sogar das Reh erwähnen, auch Wiesel, Fasan und Rebhuhn, aber wir würden doch bald ein Phänomen feststellen, das auch dem Kenner dichter tropischer Wälder bekannt ist: Die Vegetation beider Ökosysteme ist – natürlich in verschiedenen Dimensionen – für größere Tiere einfach zu **undurchdringlich.** Ebenso wie man in tropischen Wäldern in der Regel vergebens nach großen Weidetieren und ihren Beutegreifern sucht (sie leben eher in offenen Steppen und Savannen), so dient das Dickicht der Wiesen und Staudenfluren Tieren mittlerer Größe allenfalls als Teillebensraum – was auch damit zusammenhängt, dass diese krautige Vegetation in unserem Klima ja nur einen Teil des Jahres als Nahrungsquelle und Versteck zur Verfügung steht.

Zwar gibt es einige **Vogelarten**, die im Miniwald der Wiesen und Stauden brüten oder nach Nahrung suchen; von ihnen wird noch im Abschnitt über die Vögel die Rede sein. Die eigentlichen Wiesentiere gehören aber vor allem der artenreichen Welt der **Insekten** und **Spinnen** an. Von den 1710 Arten, die man in mitteleuropäischen Wiesen gefunden hat, zählen 500 zu den Fliegen, 490 zu den Käfern, 400 zu den Hautflüglern (Bienen und Konsorten), 220 zu den Wanzen, 60 zu den Schmetterlingen und 40 zu den Spinnen. (Selbstverständlich weichen die Zahlen und Zahlenverhältnisse je nach Standort erheblich von diesen Durchschnittswerten ab.)

Wie in jedem ordentlichen Ökosystem kann man auch bei den Tieren der Wiese zwischen Pflanzenfressern, Räubern und Allesfressern unterscheiden. Zu den **Pflanzenfressern** gehören in der Wiesenfauna nicht nur die bekannten, Blätter fressenden Raupen, Käfer, Heuschrecken usw., sondern auch die Pflanzensäfte saugenden Blattläuse, Wanzen, Schaumzikaden sowie all jene, meist geflügelten Insekten, die sich an Nektar und Pollen der Blüten laben.

Viel weniger auffallend sind die vielen **im Inneren von Blättern und Stängeln** der Wiesenpflanzen lebenden Insekten und deren Larven, also etwa die minierenden Larven vieler kleiner Fliegen, deren Fraßspuren als verschlungene Ornamente auf Blättern zu sehen sind. Oder die in Gallen lebenden Larven von verschiedenen Wespen, Mücken, Käfern oder Milben. Kaum jemand weiß, dass die **Raupen** vieler schöner Tagfalter auf Gräser spezialisiert sind, so Schachbrett, Rostbinde, Mohrenfalter, Ochsenauge und Mauerfuchs. **Häufiges Mähen** ist natürlich ihr Tod. Die Bedeutung von Wildstauden für den Falternachwuchs ist schon eher bekannt, vor allem die der Brennnessel für Landkärtchen, Tagpfauenauge, Kleinen Fuchs, Admiral und andere, sowie der Distelblätter für die Raupen des Distelfalters und der Distelblüten für fast alle Falter.

Zu den »**Raubtieren**« der Wiese gehören Weichkäfer, Libellen, Wespen, Sichelwanzen, Marienkäfer, Schlupfwespenlarven und Spinnen. (Mehr darüber im Insekten-Kapitel.) Und

Heuschrecken (hier: Kleine Goldschrecke) und Grillen sind zumindest akustisch die auffälligsten und typischsten Wiesenbewohner. Da sie auf 5–6-mal im Jahr gemähten Wirtschaftswiesen und Rasen keinerlei Überlebenschancen haben, sind Naturgärten oft ihre einzige Rettung.

selbstverständlich zählen auch die klassischeren Fleischfresser wie Spitzmaus, Igel und Wiesel zu den »Räubern« dieses Lebensraums – und schließlich auch viele Vögel.

Bäume sind Lebensräume

In einer einzigen alten **Eiche** wurden über 1000 verschiedene von oder mit diesem Baum lebende Tierarten festgestellt! Bäume ganz allgemein, vor allem aber alte Laubbäume, sind Biotope für sich. Sie bieten Tieren nicht nur Nahrung, sondern auch Schutz – sogar ganzjährigen. Auch Sträucher haben ihre eigene Tierwelt, besonders dicht wachsende, dornige und beerentragende.

Auch wenn **große alte Bäume** in den meisten Gärten unseres eng parzellierten Landes kaum eine Chance haben, muss ich ihnen an dieser Stelle ein dem Regenwurm mindestens ebenbürtiges Loblied singen. Zwar steht Mitteleuropa mit einem Waldanteil an der Gesamtfläche von etwa 30 Prozent nicht übel da, doch Wälder im ursprünglichen Sinn sind das ja kaum noch. Es sind Wirtschaftswälder, Forste zur Gewinnung von Holz, und damit fehlt ihnen das für ein reiches Tierleben wichtigste Element: die alten, mächtigen Baumriesen und Baumruinen, die jeder ein **eigener Lebensraum** für Moose, Flechten und Pilze, für Hunderte von Insektenarten, für Vögel, Fledermäuse und andere Kleinsäuger sind, beziehungsweise waren. Heute findet man solch beeindruckende Giganten allenfalls noch an einigen unzugänglichen Stellen im Gebirge oder in dem einen oder anderen alten Park. Kein Wunder, dass nahezu alle auf solche Baumgreise spezialisierten Tiere, von Bock-, Hirsch- und Nashornkäfern über viele Specht-, Eulen- und Singvogelarten bis hin zu Baummarder und Fledermäusen, heute eher in den Roten Listen als in der Natur anzutreffen sind.

Zugegeben: Der Durchschnittsgärtner kann sich eine mehrhundertjährige Linde, Eiche oder Buche nicht leisten. Er sollte aber jede Möglichkeit nutzen, stehendes Totholz zu erhalten. So müssen Sie einen **alten Obstbaum** nicht unbedingt mit Stumpf und Stiel verbannen, wenn er in die Jahre gekommen ist. Sie

Hohle Bäume bieten Kleintieren und Vögeln Nahrung und Wohnung.

Eine wilde Hecke aus heimischen Sträuchern braucht zwar ziemlich viel Platz, bietet aber unzähligen Tieren Versteck und Nahrung und wirkt zu allen Jahreszeiten bunt und schön.

können ihn gestutzt als bizarre Skulptur noch manches Jahr stehen lassen, womöglich mit Efeu oder anderen Kletterpflanzen begrünt. Je morscher die Ruine wird, desto ungewöhnlicheres Getier werden Sie von Jahr zu Jahr an ihr entdecken.

Wenn auch schrundige Borken, Risse und Spalten in mächtigen Stämmen, dürre Äste und faulende Astlöcher durch nichts zu ersetzen sind, so bieten doch auch gartengerechtere Gehölze schöne Möglichkeiten als Tierlebensräume. Besonders **bunte Wildstrauchhecken,** aber auch Obst- und Ziergehölze stellen unverzichtbare Strukturen im Garten dar, in denen sich Singvögel vor dem Sperber verstecken und nisten können, in denen viele Insekten Unterkunft und Verpflegung finden und zwischen deren Zweigen Spinnen ihre kunstvollen Radnetze aufspannen. Darüber hinaus dienen die Blüten und Früchte (Beeren und Nüsse) Bienen und Hummeln, Vögeln und Eichhörnchen zur Nahrung. Und selbstverständlich leben auch an und in den Blättern und Sprossen kleinerer Gehölze unzählige Insekten und deren Nachkommen, darunter nicht wenige unserer schönsten Schmetterlinge.

Über die Anlage und Pflege von Gartenteichen und Natursteinmauern erfahren Sie mehr in den Kapiteln über Amphibien und Reptilien.

Vögel

Vögel gehören zweifellos zu den beliebtesten Wildtieren im Garten.

Mit Futterhaus, Tränke und Nistkasten lassen sich viele Bewohner

des hohen Geästs und der Luft so in unsere Nähe locken, dass auch

Kinder ihre helle Freude am bunten Treiben haben.

Ein Garten für Vögel

»Gartenvögel sind keine Gartenmöbel.« Dieser Kalauer bringt immerhin etwas Wesentliches auf den Punkt: Vögel und viele andere Wildtiere sind im Garten immer mehr oder weniger **flüchtige Gäste**, allenfalls Bewohner auf Zeit. Wir können sie mit Nahrung und Unterschlupf anlocken, ihnen aber nur ausnahmsweise ihren gesamten Lebensraum bie-

ten. Und wir können sie nicht festhalten. Darin unterscheiden sie sich nicht nur von Gartenmöbeln, sondern auch von Haustieren.

Welche Vögel kommen in den Garten?

Selbst ein großer Garten ist ja nur ein winziger Ausschnitt unserer Landschaften. Und so verschieden die Gärten hinsichtlich Größe, Lage und Art der Nutzung auch sein mögen, so gleichen sie sich doch in einem Merkmal: Der Mensch und seine Haustiere bestimmen die Szene. Größere ungestörte Bereiche, wie sie selbst in unseren dicht besiedelten und in jedem Winkel genutzten Landschaften immerhin noch da und dort anzutreffen sind, die fehlen den Gärten. Ebenso fehlen größere Gewässer, Sümpfe und andere spezielle Lebensräume. **Generell fehlt es an Weite**.
Mit Vogelaugen gesehen, sind Gärten in ihrer Vielfalt recht abwechslungsreiche, halboffene (kleine) Graslandschaften mit vielen Sträuchern und Bäumen und mit glatt aufragenden »Felsen« (Gebäuden). Entsprechend ist die Zahl der Vogelarten, mit denen man in Gärten rechnen kann, sehr beschränkt. Es handelt sich insbesondere um Vögel der Wälder und Halboffenlandschaften, mit einzelnen Vertre-

Mönchsgrasmücken (unten Weibchen) sind häufig und die Männchen (oben) kräftige Sänger.

Futter ist ein wunderbares Bindeglied zwischen Mensch und Tier (hier:Sumpfmeise). Besonders Kinder lernen Geduld und Rücksicht im Umgang mit Tieren.

tern von Felsbrütern. Vor allem aber sind es Arten, die sich an den Menschen, sein Treiben und seine Haustiere mehr oder weniger gewöhnt haben, also sogenannte **Kulturfolger**. Zu den in Gärten brütenden **Wald- und Gebüschvögeln** gehören Türkentaube, Zaunkönig, Rotkehlchen, Gartenrotschwanz, Amsel, Mönchsgrasmücke, etliche Meisenarten, Kleiber, Gartenbaumläufer, Star, Buchfink, Grünling, Stieglitz sowie ausnahmsweise Heckenbraunelle, Singdrossel, Gelbspötter, Zilpzalp und da und dort auch Buntspecht und Wacholderdrossel. Zu den Vögeln, die unter natürlichen Bedingungen gerne **Felsen** oder **steinige Ufer** besiedeln, aber heute vielfach

an und in menschlichen Gebäuden nisten, zählen Straßen-(Felsen-)taube, Bachstelze, Hausrotschwanz, Grauschnäpper, Haussperling, Mauersegler, Rauch- und Mehlschwalbe. Alles in allem also gerade mal 30 von rund 250 in Mitteleuropa brütenden Vogelarten. Ergänzt wird diese Liste möglicher Brutvögel durch einige **Nahrungsgäste**, die meist nur zu bestimmten Jahreszeiten unsere Gärten besuchen. Das sind vor allem **Wintergäste** wie die in Nordeuropa brütenden Bergfinken und Seidenschwänze sowie heimische Arten, die im Winter gern ans Futterhaus kommen, etwa Haubenmeise, Erlenzeisig, Goldammer, Feldsperling und Gimpel.

Vogelart	Neststandort
Amsel	Bäume, Sträucher, (immergrüne) Schnitthecken, Simse und Nischen
Bachstelze	zwischen Steinen und Wurzeln, in Nischen an und in Gebäuden, HNK
Blaumeise	Höhlen in Mauern und Bäumen, VNK
Buchfink	ziemlich frei auf Laub- und Nadelbaumästen
Buntspecht	selbstgebaute Höhlen in (halb-)morschen Bäumen, selten VNK
Gartenbaumläufer	hinter abstehender Baumrinde, in Baumspalten, selten SNK
Gartenrotschwanz	Höhlen und Halbhöhlen in Holz und Stein, VNK mit großer Öffnung
Grauschnäpper	Nischen, Simse bis hin zu Freibruten an Bäumen, HNK
Hausrotschwanz	Nischen und Halbhöhlen in Felsen u. Mauern, an und in Gebäuden, HNK
Haussperling	unter Dachziegeln, Höhlen, Spalten, Nischen an Gebäuden, selten VNK
Haus-/Straßentaube	in Nischen u. auf Simsen an und in Gebäuden, selten HNK
Kleiber	Baumhöhlen, Mauerlöcher, auch Gebäudenischen, VNK
Kohlmeise	Höhlen und Spalten in Bäumen und Mauern, VNK
Mauersegler	Felsspalten, unter Dachziegeln, in Mauerspalten von Türmen, SNK
Mehlschwalbe	Lehmnest an Gebäuden und Felsen
Mönchsgrasmücke	meist niedrig in Sträuchern und Hochstaudendickichten
Rauchschwalbe	Lehmnest in Gebäuden, auf Simsen und in Nischen
Rotkehlchen	am und im Boden, zw. Wurzeln, Mauernischen, Baumhöhlungen, HNK niedrig
Star	Baumhöhlen und -spalten, Mauerlöcher, VNK
Sumpfmeise	Baum- und Erdhöhlen und -spalten, Mauerlöcher, VNK
Tannenmeise	Baumhöhlen, Bodenlöcher, Gesteinsritzen, VNK
Türkentaube	Bäume und Sträucher, bes. Nadelgehölze, Gebäudenischen
Wacholderdrossel	Laub- und Nadelbäume, Nest stammnah oder auf Astgabeln
Zaunkönig	in Wurzeltellern, Böschungen, Mauerlöchern, Kletterpflanzen, Nischen, HNK niedrig
Zilpzalp	in bodennaher Kraut- oder Strauchschicht

(VNK = Voll-, HNK = Halbhöhlen-, SNK = Spezial-Nistkästen)

Der große Anteil an **Waldvögeln** – bei denen es sich oft mehr um Vögel der Waldränder, Hecken, Gehölzinseln und Gebüsche handelt – zeigt, wie bedeutsam **Bäume und Sträucher** für die Vogelwelt der Gärten sind. Für den Standort ihrer Nester haben die einzelnen Vogelarten besondere Vorlieben. Ganz allgemein kann man zwischen Frei- und Höhlenbrütern unterscheiden. Zu den typischen **Freibrütern** gehört etwa der Buchfink, der sein mit Moos und Flechten gut getarntes Nest ziemlich offen auf stärkeren waagrechten Baumästen errichtet. Dazu zählen aber auch die Grasmücken, die ihr lockeres Nest in niedrigem Gebüsch verstecken.

Oft lassen sich Frei- und **Höhlenbrüter** nicht strikt trennen, da viele Gartenvögel sehr anpassungsfähig und erfindungsreich in der Wahl ihres Neststandortes sind. Darum findet man alle möglichen Übergänge, etwa bei Zaunkönig und Rotkehlchen. Auch die sogenannten **Halbhöhlenbrüter** stehen gewissermaßen zwischen echten Freibrütern und echten Höhlenbrütern. Rauch- und Mehlschwalben gehören eigentlich keiner der beiden Gruppen an.

Die Tabelle soll einen Überblick über die verschiedenen Neststandorte geben, kann aber verständlicherweise nicht sämtliche Ausnahmen berücksichtigen. Die verhältnismäßig große Zahl an Höhlen- oder Nischenbrütern erklärt sich nicht zuletzt aus den zahlreichen Nistkastenangeboten in unseren Gärten sowie aus der Tatsache, dass Gebäude mit ihren Nischen und Verstecken besonders für Vögel attraktiv sind, die sonst in Felsnischen und -spalten brüten.

Bäume und Sträucher – Wohnungen der Vögel

Abgesehen von den wenigen Felsbewohnern, die menschliche Gebäude als Ersatzfelsen angenommen haben, kommen die meisten Gartenvögel aus Wäldern und baumbestandenen

Für Freibrüter wie die Mönchsgrasmücke nützen noch so viele Nistkästen nichts. Sie brauchen zum Brüten dichtes und möglichst dorniges Buschwerk.

sind morsche Äste und Stämme, in denen sie Nisthöhlen finden oder bauen können. Bäume und Sträucher sind darum im Vogelgarten die wichtigsten Elemente. Ohne sie kann ein Garten höchstens kurzfristig einige Nahrungsgäste anziehen.

Nun haben Bäume und Sträucher recht unterschiedliche **Funktionen** im Leben eines Vogels. **Schutz** und **Nahrung** sind die wichtigsten, und die verschiedenen Gehölze erfüllen sie in unterschiedlichem Maße. Die wichtigsten Vogelgehölze sind solche, die möglichst vielen Bedürfnissen gerecht werden. So bietet der Weißdorn mit seinem dichten, dornigen Geäst guten Schutz und Halt für Nester, seine Beeren werden von vielen Vögeln als Nahrung geschätzt, und das im Herbst abgeworfene Laub bildet eine an Kleinlebewesen reiche Humusschicht, in der nicht nur Amseln und Rotkehlchen gerne herumstochern. Durch seinen lockeren Wuchs kann er allerdings nur geringen Sichtschutz geben.

So wichtig Sträucher und Hecken für ein reiches Vogelleben sind – viele Arten brauchen auch die Stämmigkeit und Höhe **größerer Bäume**, sei es als Niststandort oder als Nahrungsgrundlage. So sind alle kletternden Vögel wie Spechte, Kleiber und Baumläufer auf Stämme und kräftige Äste – darunter möglichst auch morsche – angewiesen. Der Zilzalp baut zwar sein Backofennest dicht überm Boden, sucht seine Nahrung aber am liebsten in den höchsten Baumwipfeln. Der Grauschnäpper brütet gerne in Gebäudenischen, startet seine Fliegenschnäpperei aber bevorzugt von hohen Ästen aus. Das Buchfinkenweibchen setzt sein aus Moos,

Für den Buntspecht und andere Spechte, für Baumläufer und Kleiber sind die Stämme alter Bäume unerlässlich.

Heiden und Mooren. Das Geäst der Sträucher und Bäume ist ihr eigentlicher **Lebensraum**, in dem sie Schutz vor Wind und Feinden finden, in dem sie ihre Nahrung suchen, ihr Nest bauen und schlafen. Für Höhlenbrüter wichtig

Die erst seit den 1950er-Jahren bei uns heimische Türkentaube baut ihr ziemlich lockeres Nest gern im Schutz von Nadelbäumen.

Flechten und Tierhaaren fest gewobenes Nest üblicherweise hoch auf einen kräftigen Ast. Grünfinken brauchen die hohen Wipfel als Start- und Landeplatz für ihre gesanglich untermalten Revierflüge, auch wenn sie ihr Nest gerne in immergrünen Hecken verstecken. Kurzum: Ohne höhere Bäume geht es kaum. Was man tun kann, wenn im Kleingarten der Platz für Linde oder Ahorn, Birke oder Erle, Vogelbeere oder Buche nicht reicht, darauf wurde bereits weiter vorne hingewiesen. Wenn **Schnitthecken** aus Nadelgehölzen als abweisende Mauern auch oft hässlich und unfreundlich wirken, muss man doch feststellen, dass alle möglichen Vögel sehr gern darin nisten. Das reicht von der Amsel bis zum Grün-

fink und Gimpel. Außerdem flüchten sich Kleinvögel, die am Futterplatz vom Sperber überrascht werden, am liebsten in den Schutz solch dichter Hecken. Spatzenscharen verbringen darin viele »unterhaltsame« Stunden. Dass Türkentaube und Girlitz, auch Kernbeißer, Heckenbraunelle, Amsel und Singdrossel gern in den Etagen einer Blautanne nisten, ist kein Geheimnis; ob das die Nachteile solch starrer Monumente im Garten aufwiegt, muss jeder selbst entscheiden.

Zusammenfassend kann man sagen: In sehr großen Gärten können **Nadelbäume** neben Laubbäumen durchaus zur Lebensraumvielfalt beitragen. Dann sollte man aber auch gleich in die Vollen gehen und kleine Gruppen möglichst unterschiedlich alter Fichten, Tannen oder Kiefern pflanzen, das sieht hübscher aus und kann, wenn die Bäume älter sind, einem Tannenmeisen- oder Goldhähnchenpaar als Revierzentrum dienen. Kiefern sehen auch im Einzelstand gut aus, bieten Vögeln allerdings wenig mehr als gute Aussicht. (Nur der Kleiber liebt es, sein Nest mit den roten Plättchen der Kiefernrinde zu polstern.) Tannen sind schöne Bäume, aber für meinen Geschmack noch mehr ausgesprochene Waldbäume als Fichte und Kiefer. In meinen Garten würde ich sie ebenso wenig pflanzen wie all die Thujen, Blautannen und anderen »Friedhofsgewächse«.

Wildstauden bieten Schutz und Nahrung

Zu den wichtigen Details der Vegetation gehören neben den Gehölzen die Stauden und Einjährigen, die man zusammenfassend auch als **Krautschicht** bezeichnet.

Der Unterschied zwischen einem gut getrimmten Rasen, einer blühenden Wiese und einem Dickicht etwa aus Brennnesseln, Disteln, Wasserdost und Goldrute fällt sofort ins Auge. Weniger augenfällig sind die Unterschiede der **Kleintierwelt** dieser drei Varianten der Krautschicht. Allein die Zahl der Insektenarten dürfte in Blumenwiese und

Stieglitze (Distelfinken) gehören zu unseren buntesten Singvögeln – und das in beiden Geschlechtern. Distel- und andere »Unkraut«-Samen sind ihre Leibspeise.

Wildstaudendickicht etwa 10- bis 20-mal so hoch liegen wie auf der Rasenfläche. Hinzu kommen Spinnen, Asseln, Tausendfüßer, Schnecken und vieles mehr, was Vögeln als Nahrung und Futter für die Jungen dienen kann. Die Hochstauden bieten darüber hinaus (so man sie nicht abschneidet) im Herbst und Winter ihre **Samenstände** zur Nahrung an. Stieglitze (Distelfinken), Meisen und Zeisige lieben sie besonders und fallen oft in bunten Scharen über sie her.

Hochstauden, zu denen auch viele Gartenblumen gehören, sind aber nicht nur Nahrungsquelle für Vögel, sie bieten auch Schutz. So flechten Grasmücken und Sumpfrohrsänger – beides ausgezeichnete Sänger – gerne ihre Nester zwischen die festen Stängel von **Brennnesseln** und nutzen den Schutz ihrer Brennhaare, ohne selbst davon behelligt zu werden.

Aber auch **Rasenflächen** haben ihre Bedeutung im Vogelgarten. Sie machen es Amseln und anderen Drosseln besonders leicht, an die geschätzten Regenwürmer zu kommen. Ein Freund kurzer Rasen ist auch der Star, der eine besondere Technik hat, um Würmer, Engerlinge und andere Bodentiere aufzuspüren. Er steckt den Schnabel in die oberste Bodenschicht, öffnet ihn dann kurz und spreizt dadurch Rasenfilz und Humusschicht. Zirkeln nennt man das.

Außerdem leben in einem nicht gar zu gequälten Rasen noch allerlei kleine Fliegen und Mücken, Käfer und Spinnen sowie deren Larven. An ihnen tun sich neben den Drosseln auch Bachstelzen, Rotschwänze, Rotkehlchen und sogar Grauschnäpper gütlich. Sie alle kann

Alle Drosseln (wie diese Amsel) machen gerne in kurzer Vegetation Jagd auf Regenwürmer und Insektenlarven.

man besonders auf frisch gemähten Flächen bei der Nahrungssuche beobachten, wobei sich die verschiedenen Techniken und Fortbewegungsweisen sehr schön studieren lassen. Besonders unterhaltsam sind solch stille Beobachtungen, wenn Vogeleltern mit ihren gerade flüggen Jungen auf dem Rasen erscheinen und ihnen die Schnäbel stopfen.

Fütterungen und Tränken

Durch das Für und Wider zur **Winterfütterung** sind viele Menschen verunsichert. Sollen wir überhaupt füttern? Wenn ja, was, wann und wie? Hinter solchen Fragen stehen einerseits durchaus bedenkenswerte Fakten, andererseits drückt sich darin aber auch eine vielleicht besonders deutsche Ängstlichkeit aus, etwas nicht richtig, nicht vorschriftsmäßig zu machen. Dabei sollte jeder durch Beobachtung wissen, dass die Natur in ihrer Vielfalt nicht danach fragt, ob zu einem bestimmten Zeitpunkt dieses oder jenes Vogelfutter »erlaubt« ist, ob das Wasser in der Tränke jeden Tag oder nur jede Woche erneuert werden, ob der Eingang zu einer Bruthöhle 26 oder 28 mm Durchmesser haben muss.

Die Arten selbst »entscheiden«, ob und welche der vom Menschen geschaffenen Möglichkeiten sie nutzen können und welche nicht. An der Grundtatsache, dass nur bestimmte Arten zu Kulturfolgern werden, lässt sich auch mit noch so raffinierten Hilfen im Garten nicht viel ändern. Es liegt nämlich nicht nur an den Lebensraumbedürfnissen der Arten, sondern vor allem auch an ihrem angeborenen Verhalten und Lernvermögen.

Geeignetes Futter lockt Vögel vor allem im Winter in hellen Scharen an – ein faszinierendes Schauspiel für Jung und Alt.

Es ist schon richtig: Unsere Fütterungen kommen vor allem den ohnehin häufigen Vogelarten (hier: Kohlmeise) zugute. Aber schadet das den Raritäten?

Zur Erhaltung **bedrohter Arten** kann Fütterung sicher nicht beitragen, das Aufhängen von Nistkästen in aller Regel auch nicht. Ich halte allerdings die vorherrschende Orientierung des Naturschutzes an seltenen beziehungsweise »bedrohten« Arten (die in den meisten Fällen keineswegs in ihrem Artbestand »vom Aussterben bedroht« sind) für unökologisch und fragwürdig. Die ökologische Lage der Welt erfordert vorrangig die Stärkung fundamentaler Lebensgemeinschaften und Artengruppen, nicht die Hege von Raritäten.

Gegen das Füttern von Gartenvögeln werden teilweise immer noch biologisch klingende, in Wirklichkeit aber wenig stichhaltige Einwände erhoben. Ausgiebige Untersuchungen in England und an der Vogelwarte Radolfzell haben jedoch gezeigt, dass selbst ganzjährige Fütterung deutlich positive und kaum negative Aus-

wirkungen auf die Vogelwelt der Siedlungen hat. Ich selbst habe mit Fütterungen bis in den Sommer die besten Erfahrungen gemacht: Die Zahl der Brutvogelarten in der Umgebung hat deutlich, die Zahl der in den Garten kommenden Arten und Individuen sogar um Größenordnungen zugenommen. Nachteile für die Vogelwelt waren nicht zu erkennen.

Ganz allgemein kann man wohl sagen: Unsere Bemühungen um Vogelschutz und -förderung im Garten sind für die meist über riesige Gebiete verbreiteten Vogelarten und selbst für regionale Populationen von nur **geringer biologischer Wirkung** – im Positiven wie im Negativen.

Der Wert solcher Angebote liegt auf ganz anderem Gebiet. Sie fördern die **Beziehung der Menschen – insbesondere der Kinder – zur Natur** und ihren Lebewesen. Diese Beziehung bedarf der eigenen Anschauung, des unmittelbaren Erlebens. Und von der Art dieser Beziehung hängt es ab, wie der Mensch im Kleinen und im Großen mit der Natur umgeht. Darum muss man die Frage nach Sinn und Zweck der Vogelfütterung mit einem unumschränkten Ja beantworten.

Dem hat sich auch die Frage nach dem Wie der Fütterung unterzuordnen: Unzählige Tierarten leben von den Abfällen des Menschen, darunter viele Vögel – und kein besorgtes Wissenschaftlerauge wacht darüber, ob ein verschimmeltes Brot, eine stinkende Wurst oder anderer Müll der Gesundheit der Tiere zuträglich ist oder nicht. Trotz aller Anpassung an die Zivilisation funktionieren die Instinkte der Tiere noch immer so gut, dass sie höchst selten am Genuss von Zivilisationsabfällen – oder »falschem« Futter – zugrunde

Sonnenblumensamen sind nahrhaft und beliebt; ältere haben oft zu harte Schalen und können nur noch von Spezialisten geknackt werden.

gehen. Trotzdem sollten wir natürlich **auf gute Qualität unseres Futters achten**.

Die Art des Futters gilt es besonders zu berücksichtigen, wenn wir ganz **bestimmte Vogelarten** fördern wollen. Manche Vögel haben so spezielle Nahrungsansprüche – bestimmte Sämereien in bestimmtem Reifegrad oder bestimmte Insekten –, dass wir sie ihnen im Garten allenfalls durch entsprechende natürliche Bedingungen, nicht aber durch gekauftes Futter erfüllen können. Immerhin bietet der Zoohandel vielerlei Spezialfutter, mit dem der gewöhnliche Kreis von Körnerfressern deutlich erweitert werden kann.

Welches Futter?

Sicher ist: Je vielfältiger unser Futterangebot, desto bunter wird die Vogelwelt sein, die sich davon angezogen fühlt. Grundsätzlich gilt es, zwischen Futter für **Körnerfresser** und solchem für **Weichfutterfresser** zu unterscheiden, auch wenn die Übergänge fließend sind. Üblicherweise werden Körner, allenfalls noch Fette am winterlichen Vogelhaus ausgelegt. Das hat auch praktische Gründe, weil Körner in Mengen geerntet und ohne Wertverlust aufbewahrt, transportiert und gehandelt werden können. Das vom Handel angebotene Winterfutter besteht hauptsächlich aus fetthaltigen Sonnenblumen- und Hanfsamen sowie Erdnussbruch. Das sind relativ große, hartschalige oder harte Speisen, die nur Finken und Ammern mit ihren kräftigen Knack- und Schälschnäbeln sowie Meißelartisten wie Meisen, Kleibern und Spechten angemessen sind. Bessere Mischungen (etwa Kanarien-

oder andere Exotenmischungen) enthalten auch Kleinsämereien, die für bestimmte Arten wie Stieglitz und Erlenzeisig wesentlich attraktiver sind.

In den wärmeren Gegenden Mitteleuropas und zunehmend anderswo verbringen auch Vogelarten den Winter, die nicht zu den robusten Körnerfressern (Meisen, Sperlingen, Finken, Ammern) gehören, sondern ganzjährig wenigstens einen Teil ihres Nahrungsbedarfs mit Kleintieren des Bodens, in Ritzen versteckten Insektenlarven und überwinternden Insekten und Spinnen decken müssen. Sie nehmen aber auch »leichte«, das heißt in nicht zu harte Schalen verpackte **vegetarische Nahrung** im Winterhalbjahr zu sich: Beeren, Obst, Kleinsämereien, Pollen und Nektar der ersten Kätzchen. Diesen Vögeln, zu denen unter anderem Zaunkönig, Rotkehlchen, Amsel und andere Drosseln, Heckenbraunelle, Bachstelze, Baumläufer und Star gehören, kann man als Futter die verschiedensten (selbst gesammelten) getrockneten Wald- und Gartenbeeren, Rosinen, Obst-

schnitzel, Haferflocken, getrocknetes Fleisch und Fett anbieten. Das **Fett** (Talg, Margarine, Backfett) lässt sich in kleinen Gefäßen, als Specksaite oder in Form fettgetränkter Haferflocken verabreichen. Wer mehr Geld ausgeben will, kann auch spezielles Weichfresserfutter (für Exoten) kaufen und ausprobieren, welches davon welchen Vögeln am besten schmeckt.

Welche Futterstelle?

Alsdann stellt sich die Frage, mit welcher Art von Futterstelle man am besten Körner- und Weichfutter anbietet. Beliebt sind immer noch die aus Holz gebastelten **Futterhäuser** im Stil von Zwergenlandhäusern. Das sieht hübsch und naturverbunden aus, ist aber zumindest aus drei Gründen unpraktisch: Erstens brauchen solche meist mit klobig-hölzernen Dreibeinen ausgestattete Futtervillen viel Platz in Abstellräumen, wenn sie nicht in Benutzung sind. Zweitens kann man bei den einfacheren Modellen Futter und Vogelkot nicht wirksam

Eine Mischung aus Erdnussbruch, Haferflocken, Rosinen und getrockneten Mehlwürmern bietet nahezu jedem Geschmack und Schnabel etwas.

Tipps für Kinder

Meisenknödel selber machen

Material: Schnur, Plastikbecher, Holzlöffel, kleiner Topf, frische Kokosnuss, ein feinmaschiges Netz, Vogelfutter, Nüsse, Schmalz. Die Vogelarten, die bei uns überwintern, haben oft Schwierigkeiten, genügend Nahrung zu finden. Ihnen Futter anzubieten und sie beim Fressen zu beobachten macht Spaß – und es nützt den Vögeln. Sicher lernt Ihr bald, die verschiedenen Arten zu unterscheiden. Man kann Meisenknödel im Supermarkt kaufen, man kann sie aber auch selbst herstellen.

1. Schütte Vogelfutter in eine Schüssel. Lass dir von einem Erwachsenen das Schmalz erhitzen, bis es geschmolzen ist.

2. Gieße die heiße Flüssigkeit sehr vorsichtig in die Schüssel mit dem Vogelfutter und rühre mit einem Holzlöffel gut um.

3. Löffle das Gemisch in einen Joghurtbecher, und stecke ein Stöckchen in die Mitte. Lass das Ganze etwa eine Stunde lang abkühlen.

4. Wenn die Masse fest ist, zieh das Törtchen am Stöckchen heraus und wälze es noch einmal in Vogelfutter. Mit einer Schnur kannst du den »Knödel« dann an einem Ast aufhängen.

5. Die Masse aus Talg und Samen kann auch in einer halben Kokosnussschale, in den Spalten eines trockenen Tannenzapfens oder in den Ritzen grober Baumrinde angeboten werden.

Ein als Häuschen verkleideter Futtersilo (hier aus einem billigen Abwasserrohr) ist praktisch, sieht gut aus und ist leicht selbst zu bauen.

trennen. Und drittens lassen sich solche Futterhäuser schwer reinigen.

Praktisch, schlicht und leicht zu verstauen sind sogenannte **Futtersäulen** aus durchsichtigem Kunststoff, bei denen das Futter aus seitlichen Öffnungen von den Vögeln entnommen werden kann. Es gibt sie in den verschiedensten Größen bei Spezialfirmen. Für Erdnüsse sind ähnlich röhrenförmige Behälter aus Edelstahl- oder Kunststoffgeflecht im Handel. Diese Geräte können aufgehängt, auf einem Stab in den Gartenboden gesteckt oder mit Saugnäpfen am Fenster befestigt werden. Größere **Futtersilos** wurden speziell für Parks und Forste entwickelt.

Viele Körnerfresser und die meisten Weichfutterfresser suchen ihre Nahrung lieber am **Boden**. Körner kann man, wenn kein Schnee liegt, direkt auf die Terrasse, auf den Rasen

Eine Futtersäule aus Plexiglas wirkt elegant, ist praktisch, aber nicht ganz billig.

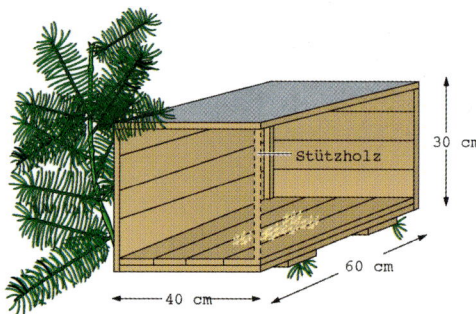

Stützholz

30 cm

60 cm

40 cm

Futterschütten werden besonders von Jägern für Fasane und Rebhühner eingerichtet. Man stellt sie auf den oder dicht über den Boden. Das schätzen nicht nur Hühnervögel, sondern auch viele Finken und Ammern. Allerdings sind solche Bodenfütterungen sehr durch Katzen gefährdet. Am besten umzäunt man sie daher mit einem dichten Maschendraht.

oder unter Bäume und Büsche streuen. Allerdings sollte man dann öfter den Platz wechseln bzw. ab und zu saubermachen. Es gibt aber auch Futtersilos für den Boden, die zwar als Weichfuttersilos bezeichnet werden, sich aber ebenso für Körnerfresser eignen. Eine billige und einfache Konstruktion, mit der sich Futter am Boden vor Schnee und Regen schützen lässt, ist ein größeres quadratisches Brett (mindestens 1 × 1 m) mit etwa 20–30 cm hohen Füßen; das ist besonders günstig für Bodenfütterung auf Terrassen und Balkonen.

Vogeltränken

Vogeltränken sind merkwürdigerweise viel weniger verbreitet als andere Vogelhilfen, obwohl sie, nicht nur in Gegenden mit geringen Niederschlägen, als Tränke und – fast noch wichtiger – als **Bad** eine echte Attraktion für Vögel darstellen können.

Was heute an Vogeltränken auf dem Markt angeboten wird, ist meist weder funktional noch ästhetisch befriedigend. Ich selbst verwende **Blumentopfuntersätze** aus Ton oder Kunststoff mit einem Durchmesser von 20–30 cm und einer Randhöhe von 3–4 cm. In die Mitte lege ich einen aus dem Wasser ragenden Stein, um trinkenden Insekten Zu- und Abgang zu erleichtern.

Man kann solche Tränken auf die Terrasse, in den Rasen oder erhöht aufstellen, was in Gärten mit Katzen von Vorteil sein kann. Der niedrige Rand und die geringe Wassertiefe sind besonders attraktiv, da fast alle Vögel vorsichtig wie wasserscheue alte Damen an die Sache herangehen, vor allem dann, wenn sie nicht nur trinken, sondern auch ausgiebig baden wollen.

Eine nicht ganz billige, aber ästhetisch zweifellos befriedigendere Alternative sind größere Vogeltränken aus **frostfester Steinzeugkeramik** oder Beton. Es gibt sie in verschiedenen Ausführungen im Handel. Man kann aber auch zu einem Keramiker gehen und ein Vogelbad nach eigenen Wünschen in Auftrag geben. Zu achten ist dabei auf eine nicht zu glatte Oberfläche und sanfte Randneigung – zumindest an einigen Stellen. Die maximale **Wassertiefe** sollte 5 cm nicht wesentlich überschreiten, auch wenn man bei trockenem Wetter dann öfter nachfüllen muss. Am natürlichsten und für Vögel am leichtesten erreichbar sind bis zum Rand im Boden versenkte Vogeltränken. Wenn dadurch leichter Erde ins Wasser fällt, so ist das kein Grund zur Aufregung, da Vögel andere Vorstellungen von Sauberkeit haben als wir.

Nistkästen und Futterhäuschen bauen mit Kindern

Nistkästen zu bauen hat sich in Familien, Schulen und Vereinen als besonders attraktiv für Kinder erwiesen. Selbst handwerklich weniger geschickte Kinder und Jugendliche kommen hier rasch zu einem Erfolgserlebnis, das ihr Selbstbewusstsein stärkt, Spaß macht und gleichzeitig eine Verbindung zur Natur herstellt.

Nistkästen sind für viele – wenn auch nicht alle – Höhlenbrüter ein Ersatz für natürliche Höhlungen. Der Mangel von stehendem Totholz in unseren Wäldern hat zu einem Rückgang aller Spechtarten geführt. Beides bedingte einen Mangel an Bruthöhlen. Denn die Spechte bevorzugen zum Anlegen ihrer Bruthöhlen mächtige, im Absterben begriffene Stämme. Diese Höhlen werden in Folgejahren von anderen Arten genutzt.

Zu den auf Bruthöhlen angewiesenen Vogelarten gehören nicht nur Meisen, sondern auch größere Arten wie Enten, Käuze, Hohltauben und Dohlen. Dazu kommen viele Fledermausarten und Kleinsäuger, von der Haselmaus bis zum Baummarder, die gerne natürliche Höhlen oder Nistkästen zur Aufzucht ihrer Jungen, als Schlaf- oder Winterplatz aufsuchen. Für andere, etwa Kleiber, Baumläufer, Fliegenschnäpper und Meisen, bieten Nistkästen zwar Unterschlupf, sind aber kein Ersatz für das tote Holz alter Bäume, das ihnen Wohnung *und* Nahrung bietet.

Eine hängende Vogeltränke ist katzensicher und sieht hübsch aus.

Ob Tränke und Bad durch einen Kunstvogel an Attraktivität gewinnen? Sieht immerhin nett aus.

Die Natur kennt keine Normmaße

Bevor wir Ihnen einige Bauanleitungen für verschiedene Nistkastentypen präsentieren, möchte ich noch einmal auf das im Abschnitt »Fütterung und Tränke« Gesagte hinweisen: Im natürlichen Lebensumfeld der Vögel gibt es keine normierten Maße, sondern eine Vielfalt von Möglichkeiten, an die sich die Tiere mit großer Flexibilität anzupassen wissen. Form und Größe der Nisthöhle sind oft viel weniger wichtig als **Standort** und **Schutz vor Nesträubern**. Denken Sie nur an die verschiedenen natürlichen Höhlen, in denen Vögel in der Natur brüten: Das reicht von Erdlöchern über Mauerlücken und Felsspalten bis hin zu den verschiedenen Baumhöhlen. Da ist kaum eine wie die andere. Wählerisch werden viele Vögel erst dann, wenn sie ein Überangebot vorfinden. Also sollten wir vielleicht mehr auf den besten Platz als auf das genaue Maß eines Nistkastens achten.

Kleinvögel, die gerne Vollnistkästen in kleinerer Ausführung beziehen, sind: Gartenrotschwanz, Trauerschnäpper, alle Meisen, Kleiber, Feldsperling und gelegentlich auch Zaunkönig und Rotkehlchen. Mit sehr kleinen Fluglöchern (2,6–3 cm) kann man die kleinsten Arten wie Blau-, Sumpf-, Tannen- und

Nistkästen mit verschließbarer (!) Glaswand bieten die Möglichkeit, das Aufwachsen der Jungvögel zu verfolgen, ohne stark zu stören.

Haubenmeisen vor der Konkurrenz durch größere Höhlenbrüter (Kohlmeise, Kleiber, Gartenrotschwanz, Trauerschnäpper, Star) bewahren; sie benutzen aber ebenso gerne

	Innendurchmesser	Höhe Flugloch-Boden	Durchmesser Flugloch
Kleinvögel	12–14 cm	15–20 cm	3–4 cm
Stare u. a.	14–17 cm	20–25 cm	5–8 cm
Eulen u. a.	20–25 cm	25–35 cm	10–12 cm
Halbhöhlenbrüter	12–15 cm	10–12 cm	halbe Wand

1 Nistkästen sind leicht selbst zu basteln. Zuerst schneidet man alle Bretter zu (besser mit einer Motorsäge).

2 Runde Schlupflöcher machen viel Mühe, ein von oben eingesägter eckiger Einschlupf tut es auch.

3 Nicht vergessen: Öffnungsmöglichkeit für das herbstliche Reinigen und Aufhängebügel.

Kästen mit größeren Fluglöchern und Innendurchmessern.

Zu den Bewohnern von **Starenkästen** gehören neben dem Star auch Wendehals und Kleiber (der gerne auch überdimensionale Kästen bezieht). Allgemein kann man sagen: Nistkästen mit Fluglochweiten von 3–3,5 cm sind universeller und werden daher von mehr Arten angenommen als Kästen mit kleineren Löchern. Ein Blech mit entsprechender Öffnung hindert Spechte, das Flugloch aufzumeißeln. Starenkästen mit einem Einschlupf-Durchmesser von 5–8 cm werden in manchen waldreichen Gegenden auch von zwei kleinen Käuzen bezogen: Raufuß- und Sperlingskauz –

und in wärmeren Regionen vom seltenen Wiedehopf.

In **großen Nistkästen** mit Flugloch-Durchmessern von über 10 cm brüten vor allem Waldkauz, Hohltaube und Dohle, gelegentlich auch der Steinkauz. Auch Waldohreulen benutzen nicht nur alte Krähen- und Bussardnester, sondern manchmal auch solche Kästen. In der Nähe von Gewässern werden Großkästen – je nach Gegend – zudem von höhlenbrütenden Enten (Stockente, Schellente, Gänsesäger) angenommen. Ihre Jungen gehören bekanntlich zu den Nestflüchtern, die bereits kurz nach dem Schlüpfen das Nest verlassen. Den Sturz aus mehreren Metern

Höhe überstehen die Küken ohne Schaden, doch vom Kastenboden zum Flugloch gelangen sie nur, wenn der Abstand nicht gar zu groß ist (15–20 cm).

Zu den **Halbhöhlenbrütern** zählen: Bachstelze, Zaunkönig, Rotkehlchen, Hausrotschwanz, Grauschnäpper und Haussperling – wobei die Art der Belegung sehr vom Standort abhängt. Da solche Höhlen für Nesträuber leicht zugänglich sind, gilt es, nicht nur für einen artgemäßen, sondern auch für einen möglichst sicheren Standort zu sorgen; am sichersten sind Halbhöhlen an einer hohen Gebäudewand unter einem Dachvorsprung. Alle bisher genannten Kästen können im Eigenbau rechteckig oder dreieckig gebaut

werden. Bei Dreieckskästen können Sie sich das Bohren des Fluglochs sparen, indem Sie die obere Spitze der Vorderwand kappen. Das Dach sollte etwas überstehen, damit kein Regen eindringen kann; einige kleine Bohrlöcher im Boden leiten dennoch eingedrungenes Wasser ab. Die Vorderwand oder eine der Seitenwände sollte zu öffnen sein, um den Kasten kontrollieren und reinigen zu können. Eine Sitzstange vor der Wohnung schätzt der Star, der sein Lied gern vor der Haustür pfeift.

Spezielle Nistkästen gibt es für: Baumläufer, Mauersegler, Wasseramsel, Steinkauz, Turmfalke, Schleiereule und Stockente. Schwalben, die heute oft Schwierigkeiten haben, Pfützenlehm für den Bau ihrer Nester zu finden, kann man Kunstnester aus Beton anbieten. Für den vogelfreundlichen Häuslebauer gibt es Nisthöhlen als Wand-Einbausteine, die sich vor allem für (ehemalige) Felsbrüter wie Mauersegler, Bachstelze, Hausrotschwanz und Haussperling gut eignen. Besonders gut lässt sich das Brutgeschehen beobachten, wenn Sie die Rückwand mit einer abdeckbaren Glasscheibe versehen.

Mehlschwalben bauen ihr bis auf einen kleinen Schlupf geschlossenes Lehmnest außen an Gebäuden, aber nur unter einem Überstand.

Der richtige Standort

Von den Lebensgewohnheiten der verschiedenen Vogelarten hängt es ab, in welcher **Höhe** die Nistkästen anzubringen sind. Während Rotkehlchen und Zaunkönig in den unteren, gut versteckten Etagen zu Hause sind, von Bodennähe bis höchstens 1 m darüber, bevorzugen Hausrotschwanz, Grauschnäpper und Haussperling höhere Lagen an Gebäuden mit freiem Anflug. Die meisten anderen kleinen Höhlenbewohner (Meisen, Kleiber, auch Bachstelzen) sind ziemlich flexibel, was die Höhe anbelangt. Die Bewohner großer Höhlen ziehen ganz allgemein Kästen in 4–6 m Höhe (oder mehr) vor und brauchen mehr oder weniger freien Anflug.

Neben den speziellen Bedürfnissen der einzelnen Arten gibt es einige für alle gültige Regeln. So sollte man Nistkästen nicht an Stellen anbringen,

- die lange praller Sonne ausgesetzt sind,
- wo Wind und Regen freien Zugang zur Flugöffnung haben,
- wo sie frei im Wind schaukeln,
- wo Katzen und Marder leichtes Spiel haben.

Zu den allgemeinen Regeln gehört auch, dass Kleinvögel ihre Nester selber bauen, also am liebsten völlig leere (und von Ungeziefer freie) Bruthöhlen beziehen. Darum sollte man die Kästen nach dem Ausfliegen der Brut möglichst gleich (für Zweitbruten), spätestens aber im Herbst **ausräumen** und wo nötig mit Wasser oder Feuer (Camping-Gasbrenner) von Parasiten **reinigen**. Verwenden Sie aber keine giftigen Sprays. Die großen Nistkästen können nach der Reinigung mit einer nicht zu dicken Schicht Hobelspäne, Sägemehl und/oder Sand für ihre potenziellen Benutzer attraktiver gemacht werden.

Die Zahl der Nistkästen, die Sie in Ihrem Garten platzieren möchten, ist praktisch unbegrenzt. Wenn es Sie aus Gründen der Ästhetik nicht stört, sollten Sie lieber einige zu viel als zu wenige aufhängen. Schon deswegen, weil viele Vögel zwei oder drei Bruten machen,

Der Starenkasten braucht mehr Innenraum und größeren Einschlupf; freier Stand wird bevorzugt.

dafür aber fast nie die gleiche Brutstätte verwenden. **Revierstreitigkeiten** finden im Allgemeinen nur zwischen Individuen derselben Art statt, bei ausreichendem Nahrungs- und Nistplatzangebot aber auch dann nicht immer. Arten mit unterschiedlichen Ansprüchen tolerieren sich auch auf engem Raum; sogenannte Räuber gehen meist im weiteren

Schön sehen solche Stachelringe nicht aus, aber sie verwehren Katzen wirksam das Erklettern von Vogelnestern.

Umkreis auf die Jagd und lassen die nähere Umgebung ihres Brutplatzes unbehelligt. Dem **Schutz vor Nesträubern** wird oft zu wenig Aufmerksamkeit geschenkt. Was nützt es, wenn Nistkästen zwar prompt bezogen werden, Gelege oder Nestlinge aber regelmäßig Mardern, Eichhörnchen, Katzen, Spechten oder Elstern als Frühstück dienen? Die Verlängerung des Einflugtunnels ist bei Vollnistkästen eine wirksame Maßnahme, um »Langfinger« von der Brut abzuhalten. Halbhöhlen müssen (z. B. an Gebäudewänden) so aufgehängt werden, dass Kletterkünstler nicht in ihre Nähe gelangen können. Für die Holzbetonnistkästen der Fa. Schwegler gibt es Blechvorsätze, die Marder, Eichhörnchen und Katzen wirksam abhalten.
Die beste **Jahreszeit** zum Aufhängen neuer Nistkästen ist der Herbst. So können sie den Winter über auswittern und vielleicht noch als Quartier in kalten Nächten dienen.

Vögel beobachten

Fortschritte auf dem Gebiet der Optik haben wesentlich zum Entstehen und Umsichgreifen einer neuen Leidenschaft beigetragen: der Vogelbeobachtung. »Birdwatching« ist besonders in England und den USA, aber auch in Skandinavien und vielen anderen Ländern (durch den Naturtourismus auch in ärmeren Ländern) fast schon ein Breitensport geworden. Man mag darüber lästern und es mit den Leidenschaften des Jagens und Fischens vergleichen. Immerhin unterscheidet sich der **Vogelbeobachter** in einem wesentlichen Punkt: Er benutzt seine hochentwickelte Optik dazu, den Gegenstand seines Interesses aus gebührender Entfernung, in seinem natürlichen Verhalten – und das heißt, ohne ihn zu stören – und in seiner natürlichen Umgebung zu beobachten. Das Futterhaus im winterlichen Garten, das singende Rotkehlchen in der Hecke, der im Nistkasten brütende Rotschwanz waren in vielen Fällen die Auslöser dieser Leidenschaft.

Das Fernglas

Die Futterstelle auf der Fensterbank ist sicher eine gute Möglichkeit, den »Unerreichbaren« ein wenig näher zu kommen. Ein gutes Fernglas eröffnet aber weit darüber hinausgehende Möglichkeiten. Vor allem lassen sich damit auch solche Arten *en detail* beobachten, die nicht oder nur selten ans Futterhaus kommen, und man kann das Intimleben der Vögel auch zu einer Zeit studieren, in der kein Futter sie ans Fenster lockt. Fast möchte man sagen, die interessanteren und liebenswerteren Seiten des Vogellebens erschließen sich erst durchs Fernglas: Revierverteidigung, Werben um den Partner (Balz), Nestbau, Begattung, Jungenaufzucht, Gefiederpflege, Nahrungssuche in natürlicher Umgebung – all das bekommt man am winterlichen Futterplatz nicht zu sehen.

Ein Fernglas ist für den interessierten Vogelfreund also so unerlässlich wie die Rosenschere für den Blumengärtner – auch wenn er nur oder hauptsächlich die Vögel seines Gartens beobachten möchte. Nun ist das Angebot groß und die Wahl schwer. Worauf soll man achten? Neben dem Preis sind vor allem ausschlaggebend: die Vergrößerung, der Nah-

bereich sowie Qualität und Vergütung der Linsen und mechanische Widerstandsfähigkeit. Auf allen Gläsern sind Vergrößerung und Lichtstärke mit zwei Zahlen angegeben: 8 × 30 heißt, dass das Glas 8-fach vergrößert und der Durchmesser der Eintrittslinse 30 mm misst. Die **Vergrößerung** eines Fernglases verführt manchen, nach dem Motto »viel hilft viel«, ein zu starkes Glas zu kaufen. Je stärker die Vergrößerung, desto »wackeliger« wird aber auch das Bild, wenn man das Glas freihändig hält, was immerhin der Normalfall ist. Aus diesem Grund benützen viele erfahrene Vogelbeobachter lieber ein 7–8-faches als ein 10–12-faches Glas. Die schwächeren Vergrößerungen haben einen weiteren Vorteil: Ihr

Familienleben und anderes Sozialverhalten der Vögel (hier: Rotkehlchen) bieten wunderbare Einblicke in die geistigen und seelischen Fähigkeiten dieser hoch entwickelten Tiergruppe.

Ein Fernglas bringt uns das Leben der oft scheuen Tiere noch näher als die Fütterung. Beides zusammen ersetzt jeden Fernseher.

Sehfeld und ihr Nahbereich sind größer. Ein großes **Sehfeld** ist vor allem zum Aufsuchen eines Vogels wichtig. Da die Angaben über das Sehfeld oft fehlen oder nicht vergleichbar sind, probieren Sie es am besten beim Optiker durch Vergleich aus. Gerade für Beobachtungen im Garten ist der **Nahbereich** wichtig. Ein Glas, das erst ab 8–10 m scharf ist, eignet sich für Gärten (und Wälder) schlecht. Mit einer Naheinstellgrenze von 2–4 m und darunter kann man z. B. auch noch Schmetterlinge gut beobachten. Die **Lichtstärke** spielt nur eine geringe Rolle, da Vögel meist bei hellem Tageslicht aktiv sind.

Neben diesen rein technischen Daten spielen für die **Qualität** eines Fernglases selbstverständlich die Linsen, ihre Verarbeitung sowie Verarbeitung und Robustheit von Mechanik und Gehäuse (Gummiarmierung!) eine wichtige – und ins Geld gehende – Rolle. Wer das Fernglas nur in Haus und Garten benutzt, braucht nicht viel Geld für stabile Bauweise auszugeben. Beim Kauf ist aber auf Helligkeit (z. B. Fluoritlinsen), Farbtreue, Auflösung und (Rand-) Schärfe zu achten. Auch hier sagt der praktische Vergleich mehr als langwierige Rezepte. Markengläser bieten eine gute Gewähr für Qualität, sind aber auch erheblich teurer als einfache. Das Preisspektrum reicht bei (normalen) Ferngläsern von 50 bis 60 bis über 1000 Euro.

Natürlich sollte man auch an das **Gewicht** denken. Mit zunehmender Lichtstärke und Vergrößerung wird ein Glas in der Regel schwerer, was aber auch den Vorteil hat, dass es ruhiger in der Hand liegt. Für den Haus- und Gartengebrauch genügen aber durchaus kleinere und leichtere Ferngläser.

Bestimmungsbücher

Selbstverständlich können Sie sich am bunten Treiben der Vögel im Garten auch erfreuen, ohne ihre Namen zu kennen. Aber je mehr man sich mit ihnen beschäftigt, desto stärker wächst das Bedürfnis zu unterscheiden und zu benennen. Immerhin sind in Deutschland über 400 Vogelarten nachgewiesen worden – von denen allerdings der größte Teil sich niemals in Gärten zeigen wird. 20 im Garten nachgewiesene Arten sind schon ein sehr guter Wert. Aber auch diese 20 Arten (mit ihren verschiedenen Federkleidern!) wollen identifiziert sein.

Bei der großen Auswahl von Bestimmungsliteratur fällt es schwer, eine Auswahl zu treffen. Grundsätzlich könnte man unterscheiden zwischen Bänden mit einer beschränkten und daher für den Laien übersichtlicheren Auswahl von Arten und solchen Führern, die auch die seltensten oder nur an den Rändern Europas vorkommenden Vögel abbilden und beschreiben. Für den engagierten und reisenden Birdwatcher sind solche umfassenderen Bände unumgänglich, den Anfänger verwirren 400–500 Vogelarten aber nur.

Außerdem wäre zu unterscheiden zwischen Führern, bei denen die Vögel entsprechend ihrer **Verwandtschaft**, »systematisch«, geordnet sind (die Mehrzahl der fachlich anspruchsvolleren Führer beginnt mit den Seetauchern beziehungsweise Schwänen und endet mit den Ammern), und Bänden, in denen die Vogelarten nach anderen Prinzipien

Etwas ausgefallenere Vogelarten, wie den Wintergast Seidenschwanz, können auch versiertere Vogelbeobachter ohne Buch nicht immer richtig bestimmen.

Der Zaunkönig ist nicht unser bester Sänger, doch die Lautstärke seiner kleinen Strophe imponiert.

gegliedert sind, etwa nach **Lebensräumen** oder nach Körpergröße. Die systematische Anordnung hat den Vorteil, dass verwandte und daher meist auch ähnliche Arten nebeneinander stehen und direkt miteinander verglichen werden können. Die nach Lebensräumen gegliederten Bände haben für den Laien den Vorteil, kleinere, leichter überschaubare Einheiten zu behandeln. Der Nachteil: Die Vögel halten sich nicht immer an ihre »normalen« Lebensraumgrenzen – sofern diese überhaupt klar zu benennen sind.

Schließlich wäre noch zu trennen zwischen Bänden mit **Fotoabbildungen** und **gezeichneten Tafeln**. Es gibt heute von allen Vögeln ausgezeichnete Fotos. Ihr Nachteil ist, dass sie immer nur *einen* Zustand eines in Alter, Geschlecht, Jahreslauf und Bewegung sich ändernden Aussehens wiedergeben. Mit Zeichnungen lassen sich solche Veränderungen besser darstellen und auf charakteristische Merkmale hinweisen. Aber auch hier gilt: Für den Anfänger sind gute Fotos meist besser geeignet – wenn er in Kauf nimmt, den einen oder anderen Vogel nicht bestimmen zu können, weil sein Kleid von dem auf dem Foto gezeigten abweicht. Bekanntlich unterscheiden sich oft nicht nur die Gefieder von Männchen und Weibchen, sondern auch das Aussehen von Jungen und Altvögeln, von »Prachtkleid« (zur Balz- oder Brutzeit) und »Schlichtkleid« (meist im Herbst oder Winter).

Vogelstimmen

Das Bestimmen nach Bildern stößt bei etlichen Vogelarten bald an seine Grenzen. Das betrifft einmal Vögel, die sehr ähnlich aussehen, Zwillingsarten wie Zilzalp und Fitis oder Wald- und Gartenbaumläufer etwa, oder Vögel, die man wegen ihrer versteckten oder nächtlichen Lebensweise (z. B. Eulen) selten zu Gesicht bekommt. Hinzu kommt, dass es im belaubten Geäst oft schwer ist, einen Vogel überhaupt zu entdecken, geschweige denn ihn in Ruhe betrachten und vergleichen zu können. In all solchen Fällen ist die **Stimme** der Vögel oft das beste Bestimmungsmerkmal.

Obwohl es große individuelle Unterschiede beim Talent gibt, Vogelstimmen zu unterscheiden (ob es mit Musikalität zu tun hat, ist umstritten), eins gilt für alle: Ohne Fleiß kein Preis. Selbst gute Vogelstimmenkenner müssen ihr akustisches Gedächtnis durch ständige Übung immer wieder auffrischen. Schwierigere Unterscheidungen können einem schon von einer Saison zur nächsten abhanden kommen. Da muss man sich dann jedes Frühjahr wieder neu bewusst machen, worin sich z. B. die **Gesänge** der Grasmücken oder Rohrsänger unterscheiden – ganz zu schweigen von den lakonischen **Rufen**. Erfreulicherweise haben die technischen Hilfsmittel zur Bestimmung von Vogelgesängen innerhalb der letzten Jahre in gleicher Weise große Fortschritte gemacht wie Bestimmungsbücher und optische Ausrüstung. Ähnlich wie bei der Bestimmungsliteratur sind die Kassetten und CDs teils in systematischer Reihenfolge, teils nach Lebensräumen geordnet. Wichtiger aber ist der Unterschied zwischen **Kassette** und **CD**. Da man in der Regel die Stimmen nicht nacheinander abhört wie ein Konzert, sondern die einer bestimmten Art herauspicken möchte, ist die Technik der CD der des Tonbands klar überlegen. Nachteilig ist nur, dass die Technik der transportablen CD-Player (mit Lautsprecher) noch ein bisschen der der Kassettenrecorder hinterherhinkt.

Zum Schluss dieses Kapitels möchte ich aus eigener Erfahrung sagen: Aus der Freude an den Gartenvögeln kann sich eine lebenslange Begeisterung und Bewunderung für die gesamte Natur entwickeln. Verpassen Sie diese Gelegenheit nicht und fördern Sie diese Freude auch bei Ihren Kindern. Sie werden es Ihnen danken.

Lurche und Kriechtiere

Das Quaken von Fröschen an lauen Sommerabenden gehört zu jenen

Stimmungsmachern, die einem noch aus der Kindheit in nostalgischem

Gedächtnis sind. Viele Kinder wachsen heute ohne solche Erlebnisse auf.

Das sind später dann wohl jene Nachbarn, denen das nächtliche Frosch-

konzert auf die Nerven geht. Aber lassen Sie sich nicht entmutigen.

Wenn Sie Frosch oder Kröte, Eidechse oder Ringelnatter in Ihren Garten

locken können, wird Ihnen garantiert nie wieder langweilig im Liegestuhl.

Ein Garten für Frösche, Kröten und Konsorten

Die Artenzahl der Frösche, Kröten, Molche und Salamander in Mitteleuropa ist nicht überwältigend. Und inzwischen stehen die meisten der Wenigen in den Roten Listen der bedrohten Arten. Den wasserliebenden Amphibien hat man die einst übers Land verstreuten kleinen Weiher, Altwasser und Pfützen genommen, und sie leiden unter dem Mangel an Insekten – ihrer Hauptnahrung – als Folge der Verödung und Vergiftung der Wiesen, Felder und Wälder. Mit Gartenteichen können wir einiges wieder gutmachen.

Die Frage, ob wenigstens einigen der an den Rand gedrängten Amphibien mit Gartenteichen und mehr Natur in Gärten zu helfen ist, lässt sich nur dann mit einem (zaghaften) Ja beantworten, wenn man davon ausgeht, dass bald ein ganzes **Netz von Naturgärten** mit geeigneten Lebensräumen das Land überziehen wird. Sehr groß ist freilich auch dann die Hoffnung nicht, wenn man allein an das immer dichter werdende Todesnetz von Autostraßen denkt, das gerade auch die Gärten umschlingt und voneinander trennt. Immerhin sollten wir nichts unversucht lassen.

Das Märchen vom verwunschenen Prinzen, der seine Froschgestalt durch die Zuneigung einer Prinzessin los wird, ist auch ein Lehrstück dafür, wie wir unsere Vorurteile, unsere unreflektierten **Abneigungen überwinden**

Wasserpflanzen sind eine Zierde für jeden Gartenteich; für Unken und Laubfrösche sollte man aber auch Flachbereiche ohne Pflanzen reservieren.

können. Die kalten, glitschigen Amphibien oder Lurche sind gefühlsmäßig nicht jedermanns Sache. Wer sich aber etwas intensiver mit ihnen beschäftigt, wird zumindest viel Interessantes entdecken – und vielleicht auch eine gewisse Zuneigung aufbauen.

Für ihre **Jugendentwicklung** sind – bis auf die lebendgebärenden Salamander – alle 19 in Mitteleuropa heimischen Lurche an stehende Kleingewässer gebunden. Und das ist auch ihr Dilemma: Wenn 11 der 19 Arten in ihrem mitteleuropäischen Bestand bedroht sind, so liegt das vor allem am Verlust ihrer Laichgewässer (und an den Todesfallen der Straßen). Trotzdem lässt sich mit Gartenteichen nur wenigen helfen, da etliche Arten doch sehr spezielle Lebensraumansprüche stellen, die ihnen auch der vielseitigste Naturgarten kaum bieten kann.

Am ehesten können Sie mit solchen Arten als Besucher und Bewohner eines Gartenteichs rechnen, die weit verbreitet und ökologisch nicht hoch spezialisiert sind, vor allem also mit den noch häufigeren **Lurchen** wie Grasfrosch und Erdkröte, in zweiter Linie auch mit Teich- oder Bergmolch und den Grünfröschen. Diese können sich auch als ausgewachsene Tiere längere Zeit, möglicherweise das ganze Jahr über, im Garten aufhalten. Gleiches gilt für den kleinen, grasgrünen und im Geäst kletternde Laubfrosch; leider ist der in den meisten Landesteilen aber bereits so selten geworden oder ganz verschwunden, dass man kaum auf ihn hoffen darf.

Obwohl Amphibien häufig träge wirken, gehören sie doch fast alle zu den ausgesprochen **wanderfreudigen Tieren**. Allerdings bevorzu-

Tipps für Kinder

Unterwasserlupe und Becherlupe

Beobachtungen am Teich werden durch die Spiegelung der Wasserfläche erschwert. Dem lässt sich leicht und fast ohne Kosten abhelfen: Mit dem Dosenöffner schneidet man aus einer großen Konservendose Deckel und Boden heraus. Dann wird ein Stück klare Plastikfolie über eine der Öffnungen gespannt und mit einem Gummi, Faden oder Klebeband befestigt. Taucht man die Dose mit der Folienseite etwas in den Teich ein, lässt sich die Welt unter Wasser ohne Spiegelung betrachten. Gleichzeitig wölbt sich die Folie (durch den Wasserdruck) nach innen und es entsteht der Effekt einer Lupe. Am besten setzt man die Unterwasserlupe von einem kleinen Steg aus ein.

Aus dem Wasser gefischte »Beute« kann man am besten in einer mit Wasser halb gefüllten Becherlupe betrachten (siehe Foto). Die gibt es in jedem Spielzeugladen für wenig Geld zu kaufen.

Durch ihre vielen Warzen erscheint uns die Erdkröte eher ekelhaft. Ihre schönen Goldaugen und
ihr gemächliches Temperament lassen sie aber
auch sympathisch erscheinen. Nur zur Paarungs-
und Laichzeit suchen die Geschlechter das Wasser
auf. Den Rest des Jahres verbringen sie als Landtiere, die sich gerne eingraben.

gen sie Nachtwanderungen, sodass man sie
selten dabei sieht – es sei denn überfahren.
Zumindest von den im März oft in Massen tot-
gefahrenen Kröten und Fröschen ist allgemein
bekannt, dass sie von ihren Winterquartieren
zu ihren Laichgewässern wandern. Weniger
bekannt ist, dass sie dort in der Regel nicht
länger bleiben, sondern – zumindest was Erdkröte und Grasfrosch anlangt – sich bald wieder in Feld und Wald verteilen, also keineswegs
ständig im oder am Wasser leben. Auch die
hübschen und agilen Molche wandern weite
Strecken über Land und spüren dabei neue Lebensräume überraschend schnell auf, vor allem
der wenig ans Wasser gebundene Teichmolch.
Die genannten Arten sind nicht nur am wahr-
scheinlichsten, sondern auch am unproble-

matischsten am Gartenteich, was das
»Störpotenzial« ihrer **Lautäußerungen** betrifft: Die Erdkrötenmännchen lassen zur
Laichzeit ein etwas raues, aber durchaus
melodisches, leises Rufen hören; Grasfrösche
knarren tief und ebenfalls wenig lautstark,
und Molche sind ganz stumm.
Die meisten Menschen denken beim Frosch
wohl hauptsächlich an den grünen **Wasserfrosch** (auch Teichfrosch genannt), der gerne
in großer Gesellschaft lebt und auch außerhalb der Paarungszeit sich am liebsten so nah
am Rand kleiner Weiher oder Gräben sonnt,
dass er bei Gefahr sofort ins Wasser springen
kann. Die gewaltigen Konzerte, die Wasserfrösche anstimmen, lassen sie in dicht bebauten
Siedlungen für den Gartenteich als weniger
geeignet erscheinen, da sie leicht zum Stein
nachbarschaftlichen Anstoßes werden. Auch
der entzückende und in freier Natur immer
seltener werdende kleine **Laubfrosch** veran-
staltet ganz schön lautstarke »räp-räp-räp«-
Konzerte.
In jeder Hinsicht bereichernd für den Garten
wären die gelbbäuchige **Unke** und die mit ihr
nah verwandte **Geburtshelferkröte**. Beide
Arten brauchen nur kleine Pfützen und rufen
mit leiser, glockenreiner Stimme. Während die
Unke keine besonderen Ansprüche an ihren
Lebensraum stellt, bevorzugt die mehr im
westlichen Europa verbreitete Geburtshelferkröte (bei der das Männchen die Eier bis zum
Schlüpfen der Larven mit sich herumschleppt)
sonnige, mit lockerem Gestein durchsetzte,
nur spärlich bewachsene Böschungen, Trockenmauern und andere trocken-warme
Steinbiotope.

Tipps für Kinder

Kescher selber bauen

Wassertiere und -pflanzen holt man am besten mit einem Kescher aus dem Teich. Damit lassen sich auch entferntere Stellen auf oder unter dem Wasser erreichen, und die Lebewesen können schonend entnommen werden. Kescher werden im Aquariumhandel in unterschiedlichen Ausführungen angeboten. Gerade Kindern macht es jedoch mehr Spaß, einen Kescher selber zu basteln, und das ist gar nicht schwer.

Material: ca. 30 × 30 cm nicht zu feiner **Gardinenstoff**, etwa 50 cm 2 mm starker **Draht**, 1 nicht zu langer, nicht zu dicker **Holzstab**. Als Werkzeuge genügen Klebeband, Zange und eine kleine Säge.

So wird's gemacht: Den Gardinenstoff in der Mitte umschlagen, übereinander legen und an den zwei seitlichen Kanten zusammennähen. An der offenen oberen Kante einen schmalen Streifen nach außen umschlagen und festnähen. Durch diesen Saum wird anschließend der Draht gezogen. Zur Befestigung am Holzstab schneidet man in diesen an einem Ende eine 2–3 cm lange Kerbe in Längsrichtung. Hier werden nun die beiden Enden des Drahtes hineingelegt und das Ganze fest mit Klebeband umwickelt. Schon ist unser Kescher fertig!

Will man Tiere am Teich beobachten und fangen, sollte man sich möglichst ruhig und vorsichtig nähern und sehr aufmerksam sein. Kinder müssen das oft erst lernen. Ist ein Tier im Kescher, muss es schnell in ein Wassergefäß umgesetzt werden, da es sonst ersticken würde. Zum **Umsetzen** der meist kleinen und empfindlichen Tiere eignen sich Hilfsmittel wie feine, befeuchtete Pinsel oder Federpinzetten. Um die Tiere zu betrachten, sollte man Plastikbecher mit hellem Untergrund verwenden, auf dem sie sich besser abheben. Zum genaueren Betrachten der Funde sind Handlupen empfehlenswert. Auch **Becherlupen** – durchsichtige Plastikgläser mit eingebauter Lupe – eignen sich. Allerdings verkratzen sie mit der Zeit, und die Sicht ist dann getrübt. Wer viel am Teich beobachtet und Einzelheiten der Tiere und Pflanzen genau kennenlernen will, sollte sich ein Mono- oder **Binokular** zulegen, die sind allerdings nicht ganz billig. Diese Geräte eignen sich für etwas größere Objekte besser als ein Mikroskop und sind für Kinder einfacher zu handhaben. Bitte denken Sie immer daran, Pflanzen und Tiere nicht zu lange »in die Mangel« zu nehmen und sie hinterher wieder in den Teich zurückzubringen.

Tipps für Kinder

Wasserlinsen-Versuch

Ist euer Teich einigermaßen besonnt, stellen sich bald Wasserlinsen ein. Diese – wie der Name schon sagt – nur linsengroßen, schwimmenden Wasserpflanzen können sich rasant vermehren. Um den Zuwachs sowie die Art der Vermehrung zu verfolgen, gibt es einen einfachen Versuch: Fünf der Linsen werden in ein **Wasserglas** gegeben und die Vermehrung beobachtet. Die Pflanzen bilden jeweils am Blattrand neue Pflänzchen mit eigenen Wurzeln. Zählen Sie einmal, um wie viel die Anzahl der Wasserlinsen in ihrem Glas jeden Tag wächst! Besonders interessant ist es, die Vermehrung in unterschiedlichem Wasser zu vergleichen. Nimm z. B. je ein Glas mit **Teichwasser,** mit **Leitungswasser** und mit **Regenwasser.** Auch unterschiedliche **Wassertemperatur** bzw. Besonnung beeinflusst den Vermehrungsprozess. So könnt ihr mit einem ganz einfachen Versuch zu richtigen Wissenschaftlern werden.

Wasser – Urquell des Lebens

Die Beliebtheit von **Gartenteichen** kommt nicht von ungefähr. Als »Biotop« schlechthin verdanken sie ihre Konjunktur zweifellos der Naturgartenbewegung. Doch schon die Benennung als Biotop zeigt – so paradox es klingen mag –, dass nicht immer ökologischer Sachverstand beziehungsweise naturschützerisches Engagement hinter dem Wunsch nach einem Gartenteich steht. Denn Biotop (von »bios« = das Leben und »topos« = der Ort) als Lebensraum ist ja, wie wir sahen, alles: Boden, Rasen, Wiese, Gebüsch, Baum …
Doch Gewässer sind schon besondere Lebensräume. Viele ihrer tierischen Bewohner sind leichter zu entdecken und zu beobachten als etwa das kaum weniger artenreiche Leben im Boden, in der dichten Wiese oder im Blattwerk der Bäume. Und irgendwie spüren wir beim Anblick der Lebensgemeinschaft von Gewässern die fundamentale Beziehung alles Lebendigen zum Wasser. Besonders **Kinder** geben sich dieser Faszination mit Vergnügen hin.
Der große tierische Artenreichtum eines halbwegs naturnahen Gewässers gründet sich nicht zuletzt auf die Tatsache, dass sich dort – beispielsweise an einem Tümpel – mindestens drei oder vier **Lebensbereiche** begegnen. Neben dem eigentlichen Wasserkörper mit seinen unterschiedlichen Tiefen und seiner Oberfläche gibt es den Gewässerboden, die Ufer mit ihren mineralischen und pflanzlichen Strukturen, und wenn man will, kann man auch noch den Luftraum über dem Gewässer nennen. Jeder dieser Bereiche hat seine eigene Tierwelt.

Mit dem Kescher erbeutete Wasserorganismen lassen sich am besten in einem Joghurtbecher oder Glas auf hellem Untergrund betrachten.

Die Larven von Fröschen und Kröten (Kaulquappen) können mit einer Unterwasserlupe oder einer Becherlupe beobachtet werden (s. S. 57).

Darum haben gerade **Kleingewässer** mit ihren je Wasservolumen besonders ausgedehnten Flachwasser- und Übergangsbereichen eine so **eminente ökologische Bedeutung**. Dabei gingen und gehen die Menschen gerade mit ihnen in einer Weise um, dass man vermuten könnte, hier würde eine erbitterte Schlacht zur Vernichtung eines Feindes geschlagen. Land- und Forstwirte (denen 80 Prozent unserer Landesfläche »unterstehen«) verfolgen gleichermaßen – mit wenigen Ausnahmen – das Ziel, sämtliche Tümpel, ja alle Bodenmulden, in denen sich auch nur vorübergehend Wasser ansammeln könnte, aufzufüllen und zuzuschütten. Und wo es irgend geht, werden auch noch Bäche und Gräben zu unterirdischen Kanälen verrohrt. Was übrig bleibt oder am Boden von Kiesgruben neu geschaffen wird, hat in der Regel auch keine Chance, sich

zu einer artenreichen, ungestörten Lebensgemeinschaft zu entwickeln, da auch solche Kleingewässer entweder als Fisch- oder Badeteiche genutzt werden.

Naturnahe Gartenteiche können diese Verluste in der Landschaft zwar kaum wettmachen, aber sie sind doch, zumindest im ländlichen Raum, für manche ans Wasser gebundenen Tierarten so etwas wie eine letzte Chance. Wie allgemein bekannt, verbringen fast alle **Amphibien** oder Lurche zumindest ihre **Jugendzeit im Wasser**. Unken, Kröten, Frösche und Molche wandern im Frühjahr oft weite Strecken, um ein geeignetes Gewässer zum Ablaichen zu finden. In der Regel zieht es sie auch nach Jahren noch an den Ort ihrer Geburt – selbst wenn der betreffende Teich oder Tümpel gar nicht mehr existiert. Nur noch wenige Gewässer entsprechen den Bedingungen, unter denen wenigstens ein Teil der Nachkommen sich vom Ei zur Larve (Kaulquappe) und von dieser zum landlebenden Tier entwickeln kann. Das Wasser darf nicht verunreinigt und es sollte nicht zu tief sein sowie möglichst Wasserpflanzen enthalten, und die Zahl der Laich- und Larvenräuber (Fische, Gelbrandkäfer- und Libellenlarven usw.) sollte sich in Grenzen halten. Da nur noch wenige Gewässer diesen Ansprüchen genügen, sind die meisten heimischen Amphibien selten geworden, in vielen Gegenden sind etliche Arten bereits ausgestorben. Die kritische Situation der Amphibien ist nur der besonders auffällige Teil einer umfassenden Tragödie. Denn ihr Verschwinden zeigt das **Erlöschen einer ganzen Lebensgemeinschaft** an. Wer jemals Gelegenheit hatte, die reiche Wunderwelt eines Tümpels – möglichst während eines ganzen Jahres oder, besser noch, über mehrere Jahre – zu studieren, der weiß, was da verloren geht. Es sind nicht nur die eleganten Wasserläufer, die hurtigen Rückenschwimmer, die wie Goldstaub im Sonnenlicht tanzenden Schwärme der Wasserflöhe, die bizarren Libellen in allen Farben – also die eigentlichen Bewohner der Kleingewässer, die verschwinden. Und mit ihnen verschwinden all jene Tiere, die vom Reichtum dieses Miniaturkosmos leben. Zwergtaucher, Teich- und Sumpfhühner, Störche und Reiher – ihnen und vielen weiteren Vögeln und anderen Tieren wird mit jedem vernichteten Tümpel die gesamte oder doch ein wichtiger Teil ihrer **Nahrungsgrundlage entzogen**. Wenn es schon nicht möglich zu sein scheint, die Verwalter unserer Landschaften – Bauern

und Forstleute – zu verpflichten, wenigstens auf einem Bruchteil der von ihnen genutzten (und mit Steuergeldern subventionierten) Flächen artenreiche Kleinlebensräume zu erhalten oder wieder zu schaffen, sollte es zumindest allen Besitzern eines größeren Gartens ein Anliegen sein, einen Beitrag zum Artenreichtum unserer Heimat zu leisten. Den Lohn dafür können sie unmittelbar in Gestalt eines zu allen Tages- und Jahreszeiten erlebnisreichen Gartens ernten.

Gestaltung eines Gartenteichs

Bei der Planung eines Gartenteiches müssen Sie sich zunächst über den Zweck klar werden, den er erfüllen soll: naturnaher Gartenteich, Zierbecken für Seerosen, Schwimmteich oder Planschbecken für Kinder. Alles zusammen lässt sich nur verwirklichen, wenn Sie sehr viel Platz haben. Auch ein kleines Zierbecken, meist am Rande der Terrasse, kann einigen Tierarten – vielleicht sogar Gelbbauchunken oder Laubfröschen – Lebensraum bieten. Wer aber einen Garten für Tiere schaffen und mit seinen Kindern das vielfältige Leben an einem Teich studieren will, sollte einen naturnahen Gartenteich mit mindestens 8–10 m² Wasserfläche und 1 m Tiefe planen.

Der Teich soll zwar nicht direkt an die **Terrasse** anschließen, weil dann viele Tiere aufgrund der häufigen Störungen fernbleiben, aber doch von der Terrasse aus einsehbar sein. Schließlich möchten Sie Ihr »Juwel« ja möglichst oft – und bequem – betrachten können. Bei der Lage des Teiches ist ferner die

Die Anlage eines Gartenteichs sollte sich nach Grundstück und Umgebung richten. Auf jeden Fall sollte er neben Tiefenzonen auch ausgedehnte Flachwasserbereiche aufweisen und nur behutsam bepflanzt werden.

Besonnung zu bedenken: Während Sonnenschein an einem Teil des Tages die Erwärmung des Wassers im Frühjahr fördert und damit die Entwicklung von Amphibienlaich und -larven begünstigt, führt übermäßige Erwärmung zu starkem Algenwuchs und Sauerstoffmangel. Achten Sie bei der Lage des Teiches auch darauf, dass im Herbst nicht zu viel **Laub** in das Wasser fällt. Es muss sonst alles wieder herausgefischt werden, da es andernfalls auf den Grund sinkt und dort unerwünschte Fäulnisprozesse verursacht. Bei einer Wassertiefe von 1 m kann man davon ausgehen, dass der Teich im Winter nicht bis auf den Grund zufriert, sodass Wasser- und Grasfrosch, Insektenlarven und etwaige Fische gefahrlos **überwintern** können.

Bei der Teichgestaltung sind **flache Ufer und Flachwasserzonen** wichtig. Zum einen können Tiere an solchen Ufern den Teich verlassen, er wird damit nicht zur Todesfalle etwa für hineingefallene Igel. Auch Vögel nutzen flache Ufer gerne, um dort ein Bad zu nehmen. In größeren Flachwasserbereichen können **Ufer-röhrichte** gedeihen. Durch die Nährstoffentnahme tragen sie zur Reinhaltung des Wassers bei und wirken übermäßigem Algenwuchs entgegen. Außerdem dienen sie Tieren

Tipps für Kinder

Von der Larve zur Mücke

Zwar wird ein Teich kaum Stechmücken-
larven enthalten, da Fressfeinde die Plage-
geister hier kurz halten, doch um die **Verwandlung** von der Larve zum Fluginsekt zu
studieren, eignen sich die Mücken gut.
Fündig werdet ihr bei der Suche nach ihren
Larven meist in der **Regentonne**, wo sie
keine Feinde haben. Die wie kleine Würm-
chen aussehenden Tiere hängen mit dem
Kopf nach unten an der Wasseroberfläche.
Ihr Hinterteil mit dem Atemorgan strecken
sie heraus (vgl. Foto). Wenn man sich nähert,
tauchen die Larven schnell ab. Man muss
daher schnell sein, um sie mit **Kescher** oder
Küchensieb zu fangen.
Setze einige Larven in ein **Einmachglas** mit
Wasser, das mit einem **Tuch** luftdurchlässig

bedeckt wird. Tag für Tag kann man nun die
Entwicklung der Larven beobachten: Sie
häuten sich mehrmals und ziehen sich
schließlich in ein rundliches Puppengehäuse
zurück, das ebenfalls an der Wasseroberfläche schwimmt (vgl. Foto). Nach einigen
Tagen schlüpft daraus die fertige Mücke,
die bereits nach einer Stunde fliegen kann.
Die **Puppenhülle** bleibt im Wasser zurück.
Eine solche Verwandlung findet auch bei Insekten im Gartenteich statt, beispielsweise
bei **Eintagsfliegen** oder **Libellen**. Manche
Libellenlarven schlüpfen an Pflanzenstän-
geln, die aus dem Wasser herausragen. Das
Puppenstadium lassen sie dabei aus. Statt-
dessen häutet sich die Larve ein letztes Mal,
und heraus kommt die fertige Libelle. Teich-
besitzer finden dann oft die an den Pflanzen
zurückgebliebenen Larvenhüllen. Mit etwas
Glück kannst du vielleicht sogar den Prozess
des **Schlüpfens** beobachten.

Bei der Bepflanzung von Gartenteichen genügt es, Starthilfen zu geben. Dann breiten sich die Pflanzen am stärksten aus, die hier die optimalen Lebensbedingungen finden. Die Krebsschere (hinten) kann aber überhand nehmen.

als Versteck, Laichplatz und Nahrung. Und schließlich bieten sie bei Sonne schattige, kühle Wasserverstecke.

Zur Herstellung eines Teiches gibt es im Wesentlichen drei verschiedene Möglichkeiten:

- den Kauf eines fertigen **Beckens**,
- die Abdichtung mit **Teichfolie** oder
- die Herstellung einer 15–20 cm starken **Lehmschicht**.

Letzteres ist das aufwändigste Verfahren. Dafür wird man mit einem langlebigen und sehr naturnahen Teich belohnt.

Ein Fertigteich ist die einfachste Art und Weise, sich Wasser in den Garten zu holen. Allerdings sehen diese Teiche mit ihren steilen Ufern eher unnatürlich aus und stellen oftmals Fallen für Tiere dar. Man sollte daher zu-

mindest mit Steinen oder Holzstücken an einigen Stellen **Ausstiegshilfen** für Tiere schaffen. Den Mittelweg und die wohl am häufigsten praktizierte Möglichkeit bilden Folienteiche. Hier ist man bei der Gestaltung freier als mit einem fertigen Becken, der Anblick ist natürlicher und die ökologischen Funktionen besser. Anderseits ist der Aufwand geringer als bei einer Abdichtung mit Lehm oder Ton.

Zur Bepflanzung des Teichs sollten Sie **heimische Pflanzen** verwenden, die auch von Natur aus an dieser Stelle wachsen würden. Dazu gehören ausgesprochene Schönheiten wie Schwertlilie, Igelkolben, Krebsschere oder Schwanenblume –, und unsere Tierwelt hat sich ihnen im Laufe von Jahrtausenden angepasst. Achten Sie aber darauf, keine geschützten Pflanzen aus der freien Landschaft zu entnehmen. Hohe Uferpflanzen sollten überwiegend an der Rückseite des Teiches wachsen, damit man von vorne freie Sicht auf die Wasserfläche hat. Neben den Uferpflanzen sind auch die oft unscheinbaren Unterwasser- und Schwimmblattpflanzen für den Teich wichtig, denn sie versorgen ihn mit Sauerstoff. Seerosen sind prachtvolle Schwimmblattpflanzen und dienen zudem Fröschen, Libellen und sogar kleinen Vögeln zum Sonnen sowie Wasserschnecken zur Eiablage.

Tiere in den Teich **einzusetzen** ist eigentlich überflüssig, denn sie kommen in der Regel von selbst. Künstlich geschaffene Kleingewässer werden von Amphibien gerne angenommen, da der Bedarf groß ist. Molche und Unken stellen sich mitunter schon wenige Tage nach Ausheben des Teiches ein. Beachten Sie bitte auch, dass das Fangen von Amphibien oder Laich verboten ist. Weniger mobile Tierarten wandern mit Vögeln oder Wasserpflanzen in das Gewässer ein. **Fische** sind im Gartenteich problematisch. Zum einen sind sie – besonders die beliebten Goldfische – oft Laichräuber und schaden damit den Amphibien, zum anderen verunreinigen sie mit ihrem Kot das Wasser. Am ehesten eignen sich für Gartenteiche noch kleine einheimische Arten wie Stichling oder Moderlieschen. Wenn Sie mit einem Teich Amphibien in Ihren Garten locken, denken Sie bitte daran, Fensterschächte zu sichern, damit sie nicht zu Fallen werden. Auch sollten die Zäune um den Garten für die Tiere »unterwanderbar« sein.

Kröten

Viele Menschen kennen unsere größte und häufigste Kröte, die **Erdkröte**, allenfalls als Verkehrsopfer. Wenn im März der erste warme Regen die Straßen spiegelglatt erscheinen lässt, graben sich die Tiere aus ihren Bodenverstecken, in denen sie den Winter verbracht haben, und machen sich auf einen oft erstaunlich langen Marsch zu ihrem traditionellen Laichgewässer. Leider werden dabei jedes Jahr Tausende überfahren.

Die Erdkrötenweibchen werden bis 13 cm, die Männchen nur bis 10 cm lang. Charakteristisch ist die **mit warzigen Drüsen übersäte Haut**, die Kröten von Fröschen unterscheidet. Durch die Drüsen wird bei Gefahr ein giftiges Sekret abgegeben, um Angreifer zu vertreiben. Für Menschen ist das harmlos. Lediglich an empfindlichen Stellen, z. B. den Augenschleimhäuten, können Reizungen auftreten. Im Gegensatz zu Fröschen **bewegen sich** Kröten **meist krabbelnd** oder gemächlich hüpfend, da die relativ kurzen Hinterbeine nicht für größere Sprünge geeignet sind. Das schönste an Erdkröten sind sicherlich ihre goldenen Augen mit den waagrechten Pupillen. Schauen Sie also ruhig mal einem Froschlurch »tief« in die Augen, wenn Sie wissen wollen, um welches Tier es sich handelt! Nach der **Überwinterung** im lockeren Boden, unter frostsicheren Baumstubben oder größeren Steinen werden die Tiere vom ersten warmen Frühlingsregen geweckt. Bei Temperaturen über 10 °C und feuchter Witterung beginnen die nächtlichen **Laichwanderungen**. Dabei lassen sich häufig die kleine-

Die Weibchen der Erdkröte sind meist deutlich größer als die Männchen; beide können auch etwas unterschiedlich gefärbt sein. Der Laich wird in schwarzen Schnüren abgelegt, die gerne an Wasserpflanzen befestigt werden.

ren Männchen auf dem Rücken eines Weibchens tragen. Grund dafür ist weniger männliche Faulheit als vielmehr der Vorteil, bereits eines der in Minderzahl auftretenden Weibchen ergattert zu haben. Nähert sich ein männlicher Konkurrent, wird er mit kräftigen Fußtritten abgewehrt. Erstaunlich und bis heute noch nicht völlig erforscht ist der **Orientierungssinn** der Erdkröten. Sie finden ihre Laichplätze selbst dann, wenn zwischenzeitlich neue Straßen oder Gebäude errichtet, Flächen aufgeforstet oder gar das Gewässer zugeschüttet wurde. Man vermutet, dass sich die Tiere mit Hilfe des Erdmagnetfeldes zurechtfinden.

Erdkrötenweibchen legen zwischen 2000 und 6000 Eier in Form **doppelter schwarzer Laichschnüre** ab. Sie werden meist an Wasserpflanzen befestigt, können aber auch einfach am Gewässerboden liegen. Nach etwa 15 Tagen schlüpfen die **schwarzen Kaulquappen**, die mit maximal 4 cm Länge zu den kleinsten Larven unserer Froschlurche gehören. Sie ernähren sich vom Algenbewuchs auf Steinen und Wasserpflanzen. Im Juli verlassen die nur 1 cm kleinen Kröten das Wasser.
Erdkröten **leben oft kilometerweit von ihren Laichgewässern entfernt** in Laubwäldern, Gebüschen, Feldern, Gärten oder feuchten Kellern. Die Kröte im Keller gibt es also nicht nur

Tipps für Kinder

Schneckenrennen

Material: ein glattes Brett, farbige Filzstifte, Lockstoffe wie Salat oder Bananenschale und eine Glasscheibe.

Können Schnecken rennen? Natürlich nicht, aber sie kriechen. Das kann man in einem spannenden Spiel ausprobieren. Jedes Kind markiert mit einem farbigen Filzstift das Gehäuse seiner Schnecke. Als Start wird ein Strich in der Mitte des Bretts gezogen und im Abstand von 20–30 cm rechts und links zwei weitere Striche. Alle Schnecken werden auf den mittleren Strich gesetzt – und los geht's. Jetzt kann jeder mit Salat, Bananenschale oder anderen Köstlichkeiten versuchen, seine Schnecke zu einem der beiden Ziele zu locken. Welche Schnecke einen der beiden Striche zuerst berührt, hat gewonnen. Schnecken gleiten wellenförmig auf einem Film aus Schleim, der ihren Kriechfuß vor Verletzungen schützt. Um zu sehen, wie das funktioniert, setzen wir sie auf eine Glasscheibe. Man kann sie dann von unten betrachten und sehen, wie sie mit wellenförmigen Muskelbewegungen vorwärts kommen.

im Märchen. Dieser – allerdings oft unfreiwillige – Lebensraum hat für die Tiere sogar einen besonderen Vorteil: er bietet Schutz vor der Krötenschmeißfliege, deren Larven sich durch die Nasenlöcher bohren und ihre Wirte von innen auffressen. Freilich sind durch **ungesicherte Kellerschächte** gefangene Kröten nicht nur von ihren Artgenossen und ihren

Laichgewässern, sondern auch von ihrem natürlichen Lebensraum und ihrer natürlichen Nahrung abgeschnitten, weshalb man sie schnellstens befreien sollte. Auf dem Speiseplan der Kröten stehen Würmer, Schnecken, Asseln, Tausendfüßer, Spinnen und Insekten, weshalb sie **im Garten ausgesprochen nützlich** sind.

Als weitere Vertreter kommen in Mitteleuropa die seltene, in Auwäldern und Kiesgruben lebende **Kreuzkröte**, die grün gefleckte, trocken-warme Lebensräume bevorzugende **Wechselkröte** und die kleine, in hügeligen Wäldern lebende **Geburtshelferkröte** vor.

Grüne Frösche

Den **Wasserfrosch** kennen Sie – und Ihre Kinder – bereits, denn er spielt im Märchen vom Froschkönig die Hauptrolle. Im Gegensatz zu den landlebenden Braunfröschen sind die ganzjährig im nassen Element lebenden Wasser- oder Teichfrösche (*Rana esculenta*) grün. Die glatte bis leicht warzige Rückenhaut ist schwarz gefleckt. Der dunkle Schläfenfleck, der Braunfrösche kennzeichnet, fehlt bei den Wasserfröschen. Das Männchen besitzt zwei Schallblasen, die beim Quaken hinter den Mundwinkeln heraustreten. Wasserfrösche werden 8–10 cm groß, wobei die Männchen in der Regel kleiner sind als die Weibchen.

Bei den sogenannten Grünfröschen herrschte lange Zeit Verwirrung. Die gute alte Regel, wonach sich verschiedene Arten nicht kreuzen oder zumindest Bastarde unfruchtbar sind, scheint bei ihnen nicht zu gelten.

Neuere Forschungen haben ergeben, dass der bei uns häufigste Grünfrosch – der Wasserfrosch – ein Kreuzungsprodukt aus zwei anderen Arten ist, dem 10–17 cm großen **Seefrosch** (*Rana ridibunda*), der in Südwest- und Osteuropa heimisch ist, und dem 5–7 cm kleinen **Teichfrosch** (*Rana lessonae*), der im zentralen Europa auftritt. Sind beide Elternteile Wasserfrösche (also Bastarde), so entstehen zwar fruchtbare Nachkommen, die aber vermindert lebensfähig sind, sofern die Eltern nicht den dreifachen Chromosomensatz mitbekommen haben. Um die Verwirrung komplett zu machen: Die Namen Wasserfrosch und Teichfrosch werden auch umgekehrt wie hier verwendet.

Grünfrösche findet man an den verschiedensten größeren und kleinen stehenden Gewäs-

Teichfrösche verstärken ihr Quaken mit seitlich heraustretenden Schallblasen; Kröte und Grasfrosch haben keine äußeren Schallblasen.

Wasser- oder Teichfrösche können in recht unterschiedlichen Farbvarianten auftreten, wobei allerdings Grüntöne mit schwarzen Flecken und hellen Rückenstrichen überwiegen. Sie leben ganzjährig im und am Wasser.

sern. Wenn man sich still verhält, kann man die Tiere gut beim Sonnen am Ufer oder auf Schwimmblättern beobachten. Sie sind schnelle und kraftvolle Schwimmer, die lange tauchen und sich im Schlamm verstecken können. Auch die **Überwinterung** erfolgt **am Gewässergrund**. Die variablen Rufe der Männchen sind tags und nachts zu hören: uärr-uärr oder uorr-uorr oder ohek-ohek oder kroak-kroak, auch re-ke-ke-ke…, an- und abschwellend, auch im Chor. Bei Erregung spritzen die Männchen einen Wasserstrahl in hohem Bogen bis gut 30 cm nach hinten weg. Bei hoher Bestandsdichte kann es zu **Kämpfen** zwischen Männchen kommen: Sie schwim-

men mit kräftigen Stößen aufeinander los und versuchen, sich zu vertreiben. Die Weibchen legen ihre bis zu 10.000 Eier in großen, absinkenden **Klumpen** (vgl. Grasfrosch) erst im April/Mai in krautreichen Gewässern ab. Da sich das Wasser um diese Jahreszeit schon gut erwärmt hat, schlüpfen die Kaulquappen bereits nach sieben Tagen. Sie werden bis 6 cm groß.

Das Beutespektrum der Wasserfrösche reicht von Würmern und Wassertieren über Fluginsekten, Kaulquappen und Jungfische bis hin zu neugeborenen Mäusen. Sie fangen ihre Opfer im Sprung oder durch rasches Zuschnappen und gehen auch auf feuchtem

Land auf Nahrungssuche. Jungfrösche halten sich zu Massen in feuchten Wiesen um das Laichgewässer auf. Da die Haut empfindlich gegen Austrocknung ist, meiden sie trockene Bereiche. Daran sollte man auch denken, wenn man einen Frosch in die Hand nimmt: unbedingt die Hände vorher befeuchten. Dadurch verringert sich die Gefahr, die empfindliche Haut der Frösche zu verletzen.

Der größere Gewässer benötigende Seefrosch ist in Deutschland selten geworden und gilt als gefährdet.

Der ebenfalls grüne **Laubfrosch** wird nur 4–5 cm groß und lebt außerhalb der Laichzeit kletternd im Geäst feuchter Wälder, aber auch strauchreicher Gärten. Dazu besitzt er am Ende der Zehen kleine Haftscheiben, wie wir sie von südländischen Eidechsen kennen. Wie sie kann auch der Laubfrosch damit sogar senkrechte Wände emporklettern. Außer durch die Größe sind Laubfrösche von Wasserfröschen auch an der Färbung zu unterscheiden: Der Rücken ist kräftig grün, ohne schwarze Punkte und glatt. Die Farbe kann sich in Tönung und Intensität den Verhältnissen des Untergrundes anpassen. Die Männchen besitzen nur eine Schallblase, die an der Kehle nach vorne heraustritt. Ihre »räp-räp-räp...«-Rufe tragen sie abends und nachts vor, vom Frühjahr bis in den Sommer und noch einmal im August/September (sog. Herbstrufe). Zum Laichen nutzt der Laubfrosch saubere, pflanzenreiche Gewässer, die auch sehr klein sein können – bis hin zu wassergefüllten Betonschalen, wenn diese noch nicht von Molchen und Fischen besiedelt sind. Laubfrösche stammen aus den Tropen

Laubfrösche sind Kletterfrösche, die nicht nur an Schilf, sondern auch in Bäumen hochklettern. Leider werden sie immer seltener.

und wärmen sich daher in unseren Breiten gerne in der Sonne auf, besonders die Jungtiere. Die zierlichen Froschlurche sind in den letzten Jahrzehnten stark zurückgegangen, vor allem durch den Verlust kleiner Gewässer sowie den Rückgang von Hecken und Sträuchern in der Landschaft. Wollen wir ihnen in unserem Garten einen Lebensraum bieten, sollte das Gewässer besonnt, fischfrei und an der Nordseite mit heimischen Gehölzen bestanden sein, die als Versteck und Windschutz dienen.

Braune Frösche

Der **Grasfrosch** ist nicht, wie der Name vermuten lässt, grasgrün, sondern braun. Am sichersten treffen Sie Grasfrösche, wenn Sie im Frühjahr dem Knurren der Männchen folgen. Sonst stößt man meist zufällig auf sie, in Wäldern, Parks und Gärten mit reicher Streuschicht. Der Grasfrosch gehört zu den Braunfröschen und ist bei uns die häufigste Froschart, da er verhältnismäßig geringe Ansprüche an seinen Lebensraum stellt. Durch den dramatischen Verlust an Kleingewässern sind aber selbst die Grasfrösche auf dem Rückzug.

Als größter Braunfrosch wird der Grasfrosch bis 10 cm lang. Er hat eine bräunliche Farbe, mit unregelmäßigen schwarzen Flecken zur Tarnung. Deutliches Kennzeichen aller Braunfrösche ist der **dunkle Ohrfleck**, in dem das Trommelfell sichtbar ist. Die Hinterbeine sind kräftig entwickelt. Die Tiere können damit **bis zu 1 m weite Sprünge** machen, gut schwimmen und tauchen. Große Sprünge macht der Grasfrosch aber nur in Gefahr. Die Nahrung – Insekten, Bodentiere und Nacktschnecken – wird meist auf die gemächliche Art gefangen: im Sitzen mit der herausklappbaren Zunge oder durch kleine Sprünge.

Die **Winterruhe** endet bereits Ende Februar/Anfang März. Dann wandern die Tiere von ihren Verstecken zum angestammten Laichgewässer. Oft überwintern Grasfrösche auch bereits dort, wie die Grünfrösche, im schlammigen Grund des Gewässers. Da die gewählten Teiche tief genug sein müssen, um nicht zuzufrieren, und nicht zu viel Faulschlamm aufweisen dürfen, kommen oft viele Grasfrösche aus

Der Grasfrosch gehört zu den Braunfröschen mit dunklem Ohrfleck. Sein Quaken ist dezent knurrend, und wie die Erdkröten verlassen sie nach dem Ablaichen das Wasser und verbringen ihr Leben meist in Wäldern.

Tipps für Kinder

Schnecken beobachten

Um ihren Feinden aus dem Weg zu gehen, sind Schnecken fast nur nachts aktiv. Das schützt sie auch vor den austrocknenden Sonnenstrahlen. Die meisten Schnecken fressen Pflanzen, und nur wenige ernähren sich von anderen kleinen Tieren.
Ist es zu heiß oder zu kalt, können Schnecken den Eingang zu ihrem Haus mit einer harten Schleimschicht verschließen. Außerdem sind sie Zwitter. Das bedeutet, dass eine Schnecke gleichzeitig ein Weibchen und ein Männchen ist. Bei der Paarung kleben zwei Schnecken zusammen, und jede schießt einen »Liebespfeil« mit männlichen Samen in die andere Schnecke. Danach legen beide Schnecken Eier.

Beim Kriechen lassen Schnecken eine Schleimspur hinter sich. Dieser Schleim hilft ihnen, Hindernisse zu überwinden.
Auf einer Glasscheibe kann man die Kriechbewegungen gut beobachten (vgl. S. 68). Und wer sich traut, kann die Schnecke sogar spüren: Einfach das Tier auf den Finger oder den Arm setzen und kriechen lassen.

mehreren Kilometern Entfernung zu einem der wenigen geeigneten Gewässer. Wird dieses zugeschüttet, bedeutet das für die Frösche einen großen Verlust.
Gleich nach Ende der Winterruhe beginnt die **Fortpflanzung**. Die Männchen erzeugen mit ihren zwei innen liegenden Schallblasen ein dumpfes Knarren und Knurren unter Wasser und signalisieren damit den Weibchen ihren Aufenthaltsort. Sie sind zur Laichzeit schwabbelig aufgedunsen und zeigen einen bläulichen Anflug. Mit ihren dann besonders kräftigen Vorderbeinen, die noch dazu spezielle **Brunstschwielen** entwickeln, klammern sie sich an einem Weibchen fest und drücken dabei die Laichklumpen heraus. Im Vorfeld der Paarung kommt es oft zu Kämpfen mehrerer Männchen um ein Weibchen. Der **Laich schwimmt an der Wasseroberfläche** (vgl. Wasserfrosch). Der dunkle Pol in den Eiern nimmt Sonnenstrahlung auf und erwärmt sich dadurch um bis zu 10 °C über das oft nur 1–4 °C kalte Wasser. Nach drei bis vier Wochen schlüpfen die dunklen Kaulquappen, die bis 4,5 cm lang werden. Ab Juni gehen die kleinen Frösche an Land. Die nur etwa 1,5 cm kleinen Jungfrösche verlassen das Laichgewässer z. T. in so großen Mengen, dass der

Volksmund vom »**Froschregen**« spricht. Allerdings werden viele der Fröschlein zur Beute von Störchen, Ringelnattern, Igeln oder Spitzmäusen.

Nach einer kurzen Zeit im Wasser – als Kaulquappen und zur Fortpflanzung – leben Grasfrösche in vielerlei feuchten Landlebensräumen bis ins Hochgebirge, bevorzugt **in** Wäldern mit dichter Kraut- und Strauchvegetation. Die tag- und dämmerungsaktiven Tiere gehen einzeln der Jagd nach. Ruhezeiten verbringen sie versteckt unter Steinen, liegendem Holz oder im dichten Gras.

Grasfrösche nehmen gerne neue, auch kleine Laichgewässer an. Wir können ihnen daher mit einem Gartenteich gut helfen. Allerdings muss der Teich mindestens bis Hochsommer genügend Wasser führen und sollte fischfrei sein.

Molche

Je nach Lage Ihres Gartens kann es durchaus sein, dass Sie eines Tages einen **Molch** in Ihrem Gartenteich entdecken. Denn diese hübschen Kerle wandern weit über Land und sind im Frühjahr froh, einen Tümpel zu finden, der nicht mit Fischen bestückt oder auf andere Weise »unbrauchbar« ist.

Molche unterscheiden sich von Fröschen und Kröten durch ihre lang gestreckte Form und den Schwanz. Gemeinsam mit den Salamandern zählen sie zu den Schwanzlurchen. Der schwarz und gelb gefleckte **Feuersalamander** bewohnt feuchte Laubwälder, laicht in Bächen und ist vielerorts sehr selten geworden. Im Garten wird er sich kaum zeigen. Mit einem der viel kleineren Molche kann man in einem Gartenteich aber durchaus rechnen: vor allem mit Teichmolch, Bergmolch oder Kammmolch, im Westen auch mit dem Fadenmolch.

Die ausgewachsen nur 8–10 cm langen, zierlichen Molche sind nicht leicht zu unterscheiden. Am ehesten gelingt die Identifizierung bei Männchen, wenn sie ihre teilweise **recht bizarren Hochzeitskleider** tragen. Der **Teichmolch** wird auch Streifenmolch genannt, was sich auf seine Zeichnung am Kopf bezieht. Den Körper hingegen zieren dunkle Punkte auf hellem Grund. In der Paarungszeit bilden die Männchen auf dem Rücken einen Kamm aus. Dieser ist jedoch im Vergleich zu dem des **Kammmolches** weniger gezackt und an

Zur Fortpflanzung geht auch der Teichmolch ins Wasser; die Männchen (unten) legen dann eine kräftig gefleckte »Wassertracht« an.

Die oberseits deutlich grauen, am Bauch leuchtend orangen Bergmolche kommen keineswegs nur im Gebirge vor. Sie leben bevorzugt in Laubwäldern und suchen nur zum Laichen Kleingewässer auf. Das Männchen (links) ist meist kleiner als das Weibchen.

der Schwanzbasis nicht unterbrochen. Um dem Hochzeitskleid des Teichmolchs noch mehr Pracht zu verleihen, verfärbt sich der Schwanz an der Unterkante orange und blau. Diese Farben trägt auch das **Bergmolch**männchen in der Paarungszeit, allerdings am ganzen Körper und noch viel intensiver. Dafür fällt der Rückenkamm bei diesem farbenprächtigen Lurch sehr klein aus. Das **Fadenmolch**männchen verzichtet dagegen ganz auf Farbe, ziert sich dafür aber mit einen 5–6 mm langen Faden am Schwanzende und einem sich zum Schwanz hin vergrößernden Kamm mit ganz glatter Oberkante.

Die weit verbreiteten Teichmolche bevorzugen kalkreiche stehende oder schwach fließende Gewässer im Flach- und Hügelland. Auch der Kammmolch zieht die Niederungen vor und schätzt krautreiche stehende Gewässer. Der Bergmolch besiedelt mehr das niedrige Bergland, während der Fadenmolch im Flach- wie im Bergland anzutreffen ist.

Im April/Mai finden sich die Geschlechter zur **Paarung und Eiablage** in einem geeigneten Gewässer. Die Männchen kann man dann bei einer merkwürdigen **Balz** beobachten: Es krümmt seinen Schwanz nach vorne, schlängelt sich und zittert, entfernt sich dann und setzt seine Samenkapsel ab, die das Weibchen mit der Kloake aufnimmt. Die Weibchen legen 100–300 Eier, die einzeln an Wasserpflanzen befestigt werden. Die Larven sind gelblich bis grünlichbraun und ernähren sich von Kleintieren im Wasser. Im September findet die Umwandlung statt, und die Jungen gehen an Land. Sie kehren erst im Alter von drei Jahren, wenn sie geschlechtsreif sind, ins Wasser zurück.

Trotz ihrer geringen Größe unternehmen Molche nach der Laichzeit oft lange, nächtliche **Wanderungen**. Tagsüber verstecken sie sich in Steinhaufen oder Mauerspalten, unter Holz oder in altem Laub. Nachts gehen sie auf Jagd nach kleinen Bodentieren.

Ein Garten für Schuppentiere

Ruhig auf unserer Terrasse zu sitzen – in der Sonne oder unterm Sonnenschirm – und plötzlich eine zierliche braune Eidechse ganz nah neben dem Stuhl zu entdecken, die sich ebenfalls sonnt und ab und zu mit schrägem Kopf zu uns aufblickt ... ein solches Erlebnis kann im wahrsten Sinne des Wortes »paradiesische« Gefühle in uns wecken: »Erinnerungen« an einen Zustand (eine Zeit?), da Mensch und Wildtier friedlich und ohne Scheu zusammenlebten.

Eidechsen sind hübsche, flinke, sympathische Tiere – aber auch ziemlich scheu und gleich wieder weg. Auch **Schlangen** sind eigentlich recht ansehnlich – aber irgendwie nicht besonders sympathisch, eher furchteinflößend. So jedenfalls die landläufigen Ansichten über unsere Schuppentiere, die man zu Unrecht auch als Kriechtiere bezeichnet, obwohl Eidechsen zwar kurze, aber durchaus funktionsfähige Beine haben.

Solche Ansichten kommen nicht aus heiterem Himmel. Wie Menschen auf Tiere reagieren, hängt in hohem Maße davon ab, wie die Vorbilder ihrer Kindheit, die Eltern und andere Erwachsene, sich verhielten. Ich denke, es ist höchste Zeit, dass wir unseren Kindern nicht länger mit hysterischen Reaktionen auf Schlangen, Mäuse, Fledermäuse oder Spinnen ein schlechtes Beispiel geben, sondern sie in aufgeklärter Weise heranführen an die **Beobachtung** dieser und anderer Naturphänomene. Das nützt den Kindern und späteren Erwachsenen ebenso wie der Natur.

Es mag schon sein, dass gewisse Reaktionen angeboren sind. Dafür spricht die Scheu vor Schlangen in den verschiedensten Kulturen und Erdteilen. Zahlreiche Beispiele zeigen aber auch, dass wir unter Einsatz unseres Bewusstseins und Verstandes durchaus in der Lage sind, derlei genetische Anlagen »umzuprogrammieren«. Das Interesse an einem Phänomen ist der erste Schritt nicht nur zu einer nüchterneren, weniger emotionalen Einstellung, sondern oftmals sogar der Anfang einer großen Leidenschaft. Kinder sind »von Natur aus« eher neugierig als ängstlich. Das sollten wir nützen. Viele große Naturforscher gründeten ihren späteren Ruhm auf der **kindlichen Begeisterung** für Tiere und Pflanzen. Wie immer gibt es Ausnahmen von den erwähnten landläufigen Ansichten. Was die Scheu der Eidechsen anbelangt, so gewöhnen sich manche Gartenbewohner (etwa Zauneidechsen) überraschend schnell an ihre zurückhaltenden(!) Bewunderer, werden regelrecht **zutraulich**. Was dann freilich nicht selten auch ihren frühen Tod bedeutet. Nämlich dann, wenn sie auch die Scheu vor Katzen und Hunden verlieren, in denen die hurtigen Tierchen regelmäßig den Jagdtrieb wecken. Besonders Katzen lieben es, Eidechsen aufzulauern und sie nach kürzerem oder längerem Spiel ins Jenseits zu befördern.

Gerade Kinder können aber an solchen Beispielen zunehmender Vertrautheit **geduldige Zurückhaltung** lernen und üben. Die Belohnung solcher Geduld sind die Freude am Zutrauen der Tiere und Beobachtungen am Verhalten, die derjenige nie zu sehen bekommt, der Tiere nur als huschende Schatten kennt, die bei jeder Begegnung die Flucht ergreifen und im nächsten Versteck verschwinden. (Sofern bei der Begegnung zwischen Mensch und Tier nicht auch der Mensch die Flucht ergreift oder unreflektiert zum Angriff übergeht.) In Panik und zu huschenden Schatten kann man keine positive Beziehung entwickeln, wohl aber zu hübsch gezeichneten Eidechsen oder Schlangen, die ohne Scheu vor dem Betrachter ein Sonnenbad nehmen, einen Regenwurm verzehren oder um ihren Partner werben.

Auch in der Beziehung zwischen **Menschen und Schlangen** gibt es seit etlichen Jahren bemerkenswerte (wenn auch nicht immer unproblematische) Ausnahmen von der Regel, wonach Schlangen allgemein als hinterhältig und lebensgefährlich, als Verkörperung des Bösen betrachtet werden – und im Zweifelsfall totzuschlagen sind. Immer mehr Menschen lassen sich faszinieren von den Kriechtieren, machen sie gar zu ihren Hausgenossen oder tragen sie – wenn auch wohl weniger aus Tierliebe als um aufzufallen – als Schmuck mit sich herum. Dabei handelt es sich freilich vorwiegend um exotische, vor allem auch um große und oft genug sogar giftige Schlangen. Der weltweite Markt an »pet snakes« ist beträchtlich, wobei neben gezüchteten Tieren leider auch Wildfänge eine wichtige Rolle spielen. Ob auch die Zahl der Bewunderer heimischer Schlangen zunimmt, wissen wir nicht. Erfreulich wäre es jedenfalls. Und sie wären es wert.

Schlangen werden als Haustiere immer beliebter. Leider scheint sich das auf den Schutz wilder Schlangen (hier: Ringelnatter) kaum auszuwirken.

Schutzwürdige Raritäten unserer Tierwelt

Reptilien mögen es warm und sind deswegen in Mitteleuropa – verglichen etwa mit Südeuropa oder gar den Tropen – mit nur **wenigen Arten** heimisch. Sie lassen sich an den Fingern abzählen – an wenigen Fingern, wenn man nur die einigermaßen häufigeren betrachtet. Nicht mehr als zwölf Arten von Schildkröten, Schlangen, Blindschleichen und Eidechsen leben in Mitteleuropa (Westliche und Östliche Smaragdeidechse als eine Art gezählt). Sechs davon erreichen bereits im südlichen Mitteleuropa ihre klimatisch bedingte Nordgrenze und sind entsprechend selten bei uns, sogar »vom Aussterben« (genauer: vom Erlöschen regionaler Populationen) bedroht. **Neun der zwölf Arten stehen auf der Roten Liste** Deutschlands (vgl. Tabelle).

Was man für unsere heimischen Reptilien im Garten tun kann, ist wenig genug. Auch hier gilt, wie bei anderen Tiergruppen: Nur die ohnehin noch etwas häufigeren und weiter verbreiteten Arten werden den einen oder anderen Garten besiedeln oder wenigstens besuchen. Doch auch dafür lohnt sich jede Anstrengung, den Garten so **natürlich** wie irgend möglich zu gestalten und behutsam zu pflegen.

Die fünf noch einigermaßen »häufigen« beziehungsweise verbreiteten Arten sind: Wald- und Zauneidechse, Blindschleiche, Ringel- und Schlingnatter. Ob man die in weiten Landesteilen ausgerottete Kreuzotter auch noch dazu zählen kann, erscheint fraglich. Jedenfalls ist es so gut wie ausgeschlossen, dass diese unter den genannten Arten einzige Giftschlange in normalen Gärten auftaucht. Zwar bewohnt die Kreuzotter recht verschiedene Lebensräume – von Mooren und Teichen bis hin zu Waldschlägen und trockenen Heiden –, ist aber überaus empfindlich gegen Störungen und Veränderungen jeglicher Art.

Die häufigeren Arten

Die zweifellos bekannteste, weil in den meisten Landesteilen häufigste Eidechse ist die **Zauneidechse**. Ihr Körper erscheint stämmiger, untersetzter als der anderer Eidechsen, die Beine sind vergleichsweise kurz, der Schwanz ist kaum länger als der Körper. Zauneidechsen werden in Mitteleuropa im Alter von mehr als drei Jahren mit Schwanz höchstens 24 cm lang; gewöhnlich trifft man aber wesentlich kleinere Exemplare. Die Weibchen haben einen längeren Rumpf als die Männchen, dafür punkten die Herren mit etwas längerem Kopf und Schwanz – und natürlich mit einem prächtigeren Gewand. Zur Paarungszeit im Frühsommer sind ihre Körperseiten smaragdgrün mit dunkleren Flecken, von denen sich weiße Augenflecken effektvoll abheben. Scheitel, Rücken und Schwanz gleichen mit hellen und dunklen Flecken auf braunem Grund der Gesamtfärbung der Weibchen. Groß sind bei dieser Art jedoch individuelle und regionale Unterschiede in Färbung und Zeichnung.

Zwischen Ende April und Mitte Juni paaren sich die Geschlechter. Etwa vier Wochen später legt das Weibchen bis zu 14 weichschalige weiße **Eier** in eine selbstgegrabene und wieder zugeschüttete Erdmulde. Daraus schlüpfen je nach Besonnung acht bis zehn Wochen später die 5–6 cm langen braunen **Jungtiere**. Zauneidechsen stellen keine besonderen Ansprüche an ihren **Lebensraum**, solange genügend Nahrung, Deckung und Besonnung vorhanden sind. Allerdings kann die Beschaffenheit des Brutplatzes zum Engpass

Reptilienarten in Mitteleuropa

deutscher Name	wissensch. Name	max. Größe	Vorkommen in ME	RL-Status
Europ. Sumpfschildkröte	*Emys orbicularis*	20 cm (Panzer)	nur stellenweise	1
Östl. Smaragdeidechse	*Lacerta viridis*	40 cm	Passau, Oder	1
Westl. Smaragdeidechse	*Lacerta billineata*	40 cm	Mosel, Lahn, Nahe	1
Zauneidechse	*Lacerta agilis*	24 cm	weit verbreitet	–
Waldeidechse	*Lacerta vivipara*	16 cm	recht weit verbreitet	–
Mauereidechse	*Podarcis muralis*	19 cm	nur in Weinbauklima	2
Blindschleiche	*Anguis fragilis*	45 cm	weit verbreitet	–
Äskulapnatter	*Elaphe longissima*	150–180 cm	nur im SW und SE	1
Ringelnatter	*Natrix natrix*	85–130 cm	weit verbreitet	3
Würfelnatter	*Natrix tesselata*	um 90 cm	Mosel, Nahe, Lahn	1
Schlingnatter	*Coronell austriaca*	60–75 cm	weit verbreitet	3
Kreuzotter	*Viper berus*	60–80 cm	nur noch inselartig	2
Aspisviper	*Vipera aspis*	60–80 cm	nur im SW	1

ME = Mitteleuropa, RL = Rote Liste Deutschland, SW = Südwesten, SE = Südosten

ihrer Verbreitung werden. Für ihre Gelege brauchen sie hinreichend lockeren und besonnten Boden, der nicht zu feucht sein darf. (Im feuchten England finden sie solche Bedingungen nur auf Sand und heißen darum »sand lizard«.) In Mitteleuropa scheiden dichte Wälder und nasse Böden deshalb als Lebensräume aus. Heiden, Mager-, Halbtrocken- und Trockenrasen sowie steiniges Gelände gehören zu den bevorzugten Lebensräumen der Zauneidechsen. Gärten werden dann von den Tieren geschätzt, wenn sie solch trocken-warmen Bedingungen (und möglichst keine Katzen) vorfinden.

Mit der dunkelbraunen, recht scheuen **Waldeidechse** wird man nur dort rechnen können, wo Wälder in der Nähe des Gartens sind. Dann aber kann sie sich durchaus auch auf

Nur die Männchen der Zauneidechse sind grün; die braunen Weibchen kann man mit Wald- und Mauereidechsen verwechseln.

Die Weibchen der Zauneidechse lassen sich eher durch Körperform und Lebensraum als durch Farbe und Muster von Waldeidechsen unterscheiden.

Dauer im Garten einrichten, besonders wenn ungestörte Pflanzendickichte als Versteck und Steine oder Holzstrünke zum Sonnen zur Verfügung stehen und keine Katzen im Garten jagen. Mit einer Länge von höchstens 16 cm ist die ausgewachsene Waldeidechse deutlich kleiner als die Zauneidechse. Ihr Kopf geht breit und halslos in den Körper über, der Schwanz ist mindestens körperlang und wird erst in der zweiten Hälfte schlank. Die Grundfarbe variiert zwischen Dunkelbraun, Rotbraun und Schwarz. Ähnlich wie bei der Zauneidechse wird ein dunkler, aber deutlich schmalerer Rückenstreifen von zwei helleren Bändern gesäumt, denen auf den Körperseiten wieder je ein dunkleres Band folgt. Beim Männchen ist die Unterseite dottergelb

bis orange mit schwarzen Flecken. Jungtiere sind generell sehr dunkel.

Die **Paarungszeit** liegt im Mai oder Anfang Juni, und etwa drei Monate später kommen drei bis zehn, knapp 5 cm lange **Junge** zur Welt. Dadurch sind Waldeidechsen weniger auf besonnte Erdplätze zum Ausbrüten der Eier angewiesen. Mit diesem Trick (den man ovovivipar nennt) haben es die Waldeidechsen – als einzige Reptilienart der Welt! – in ihrer Verbreitung bis über den nördlichen Polarkreis hinaus und bis ins Hochgebirge geschafft. Als wandelnde Brutstätten ihrer Eier können die Weibchen jeweils die wärmsten Plätze aufsuchen. Durch diese Unabhängigkeit von Bodentemperaturen sind Waldeidechsen in der Lage, vielerlei Lebensräume

Blindschleichen sind keine Schlangen und ziehen ein Leben in dichter Vegetation vor. Sie ernähren sich überwiegend von Regenwürmern und Schnecken. Man sollte sie in jedem Garten willkommen heißen.

zu bewohnen, auch solche, die von anderen Eidechsen nicht »besetzt« sind. Sie heißen deswegen auch Berg- oder Mooreidechsen. Weil **Blindschleichen** keine sichtbaren Beine besitzen, werden sie vielfach für Schlangen gehalten, in Wirklichkeit sind sie beinlose Eidechsen. Tatsächlich wirken sie auf viele Menschen auch weniger furchterregend als echte Schlangen – vielleicht, weil sie auch recht scheu sind. Denn die anatomischen Unterschiede zwischen Blindschleichen und Schlangen sind doch eher unauffällig. Etwa die Tatsache, dass Blindschleichen nicht wie Schlangen ihre Bauchschuppen zur Fortbewegung einsetzen, sondern sich nur mit dem ganzen Körper an Pflanzen oder Steinen vorwärts schieben. Oder dass sie bewegliche

Augenlider haben und ihren Schwanz bei Gefahr abwerfen können. Ganz zu schweigen von den rudimentären Schulter- und Beckengürteln, die man erst am sezierten Tier entdeckt. Die höchstens 45 cm langen, schön goldbraun glänzenden Tiere leben an schattigen, mäßig feuchten Stellen, z. B. im hohen Gras von Wiesen, an buschigen Hängen oder auch im Wald. Darin gleichen sie den Waldeidechsen. Neben solchen Verstecken und Nahrungsquellen (sie fressen gerne Regenwürmer und Nacktschnecken) brauchen sie aber auch modriges Holz, in dessen Wärme die Weibchen bevorzugt ihre Jungen zur Welt bringen.
Auch Blindschleichen sonnen sich ab und zu auf flachen Steinen oder trockenem Holz. Von

Oktober bis März/April verkriechen sie sich (wie alle heimischen Reptilien) in frostgeschützten Bodenverstecken. Besonders beliebte Höhlungen teilen sie oft mit zahlreichen Artgenossen und selbst mit Salamandern und Schlangen. Bald nach Beendigung der **Winterstarre** paaren sich die Tiere, und drei Monate später bringt das Weibchen (je nach Alter) 5–15 **Jungtiere** zur Welt, die etwa 8 cm lang sind. Sie erreichen erst im dritten Frühjahr die Geschlechtsreife.

Als vierte Art kann im Naturgarten noch die **Ringelnatter** erwartet werden. Diese dunkelgrauen bis schwarzen Schlangen mit den hellen (gelblichen) Halbmondflecken an den Kopfseiten können 70–130 cm lang werden, wobei die Männchen selten die Länge eines ausgewachsenen Weibchens erreichen. Viele Menschen fürchten sich vor ihnen, obwohl sie nicht giftig und leicht zu erkennen sind. Im Gegensatz zu Schlingnatter und Kreuzotter ist die Grundfärbung der Ringelnattern so gut

wie nie braun, sondern stets grau in verschiedenen Schattierungen. Auch trägt sie nie dunklere Muster entlang der Rückenmittellinie, sondern allenfalls verstreute oder seitliche schwarze Würfelflecken oder Barren. Die charakteristischen hellen Halbmonde beiderseits des Hinterkopfes fehlen nur selten und erstrecken sich oft über die gesamte Unterseite des Kopfes.

Nach der **Paarung** im April/Mai legen die Weibchen im Juli/August 10–40 längliche **Eier** in modernde (und dadurch erwärmte) Haufen pflanzlicher Abfälle oder Mist. Größere Gelege kommen durch Zusammenlegen mehrerer Weibchen zustande. Nach fünf bis zehn Wochen schlüpfen die (wie bei allen Reptilien) sofort selbstständigen Jungen.

Ringelnattern leben gern in der Nähe von **Wasser,** in dem sie gewandt schwimmen und auch auf die Jagd gehen. Man kann sie aber auch fern vom Wasser an trockenen Hängen antreffen. Da sie überwiegend von Wirbeltieren – Fröschen, Molchen, Fischen, jungen Mäusen und jungen Vögeln – leben, brauchen sie schon recht große Reviere und werden daher kaum auf Dauer in nur einem Garten leben. Weil die Tiere hauptsächlich tagaktiv sind, kann man sie schön beobachten. Besonders interessant ist ihr lebhaftes Werbe- und **Paarungsverhalten.**

Obwohl die **Schlingnatter** ziemlich weit verbreitet ist, kennen sie nur wenige Menschen.

Die Ringelnatter ist unsere häufigste Schlangenart – schön, elegant, lebhaft und trotzdem immer wieder Opfer ungebildeter Menschen.

Schling- oder Glattnattern sind zwar oft kämpferisch, aber nicht giftig. Die schönen Tiere verdienen jeden Schutz. Sie lieben Wärme und Steine, auf denen sie sich sonnen und zwischen denen sie sich verstecken können.

Oft wird sie mit der Kreuzotter verwechselt – und leider immer noch häufig erschlagen. In Wirklichkeit ist die kleine, hellbraune Schlange mit dunkler Rückenzeichnung völlig harmlos. Nähert sich ihr ein Mensch, vertraut sie in der Regel auf ihre Tarnfarbe und bleibt einfach liegen. Sucht sie schließlich doch das Weite, tut sie es unauffällig und geschmeidig. In die Ecke getrieben, verteidigt sie sich mit vorschnellendem Kopf und beißt auch heftig zu, wenn man sie fängt. Das ist aber weder schmerzhaft noch gefährlich. Trotzdem sollte man eine Bisswunde stets säubern und desinfizieren.

Schlingnattern werden maximal 60–70 cm lang. Im Gegensatz zur Kreuzotter (mit senkrechten Pupillenschlitzen) haben Schlingnattern wie alle Nattern runde Pupillen. Auf dem Scheitel tragen sie, einer Kappe ähnlich, einen dunklen Fleck, der sich nach hinten oft in zwei Zipfel teilt. Dunkle Flecken sind auch über den ganzen Leib verstreut oder bilden in der Mittellinie des Rückens ein Zickzackmuster ähnlich der Kreuzotter. Wegen ihrer glatten, ungekielten Schuppen heißt sie auch **Glattnatter**.

Nach der Paarung im Mai kommen im August bis zu 15 **Junge** zur Welt. Schlingnattern erbeuten hauptsächlich Eidechsen und Jungschlangen, seltener junge Mäuse und Vögel. Die Beute wird durch Umschlingen kampfunfähig gemacht. In ihren Lebensraumansprüchen gleicht die Schlingnatter denen von Waldeidechse und Blindschleiche, benötigt vielleicht etwas mehr Sonne und Wärme.

Was können wir für Reptilien tun?

Alle Reptilien lieben die Wärme und sonnen sich gern. Da **Steine** die Sonnenwärme besonders gut speichern und außerdem gute Unter-

Locker aufgestapelte Steinhaufen sind hervorragende Verstecke und Sonnenplätze für Eidechsen, Blindschleichen und Schlangen.

schlupfmöglichkeiten bieten, sind sie das A und O für einen reptilienfreundlichen Garten. Oft genügt schon die vorhandene Terrasse oder ein Mäuerchen. Noch besser sind aber **Steinhaufen,** die in ihrem Innern beste Verstecke und Zufluchten vor Katzen und anderen Jägern bieten. Flache, gut besonnte Steine werden gern zum Aufwärmen genutzt, besonders morgens, wenn sich die Tiere erst einmal auf Betriebstemperatur bringen müssen. Sogenannte **Trockenmauern aus Natursteinen** (notfalls auch aus Betonsteinen) stellen nicht nur eine ästhetische Bereicherung jedes Gartens dar, sie bieten darüber hinaus Reptilien ideale Lebensbedingungen, und auch vielen Kleintieren, wie Asseln, Tausendfüßern, Spinnen und Insekten, die wiederum größeren Tieren als Nahrung dienen.

Eine ähnliche Funktion als »Solarium« haben **Baumstubben** oder auf dem Boden liegende Bretter. Baumstubben haben zudem oft den Vorteil, Unterschlupf zu bieten, bei älteren sogar mit modermdem Holz, das sich sehr zur Eiablage eignet. Darum muss man das in Mode gekommene Schreddern von Baumstümpfen als ökologischen Unsinn bezeichnen. Dass auch das Element **Wasser** nicht nur für Fische und Amphibien, sondern auch für Reptilien anziehend wirkt, weiß man zumindest im Fall der **Sumpfschildkröte**. Im Gegensatz zu den in Südeuropa recht häufigen Landschildkröten lebt die Sumpfschildkröte fast ausschließlich im **Wasser**. Nur zum Sonnen und zur Eiablage verlassen die scheuen Tiere ihr nasses Element. Ungewiss ist, ob die meisten Sumpfschildkröten überhaupt heimisch bei uns sind. Offenbar kann sich die Art nördlich der Alpen nur in sehr warmen Gegenden erfolgreich fortpflanzen. Die Tiere, die man gelegentlich auf einem Stamm in Gewässernähe beim Sonnen beobachten kann, sind in der Regel ausgesetzte Südeuropäer – sofern es nicht überhaupt nordamerikanische **Rotwangen-Schmuckschildkröten** sind, die im Zoohandel gern gekauft, aber oft auch bald wieder »entsorgt« werden.

Doch nicht nur die Sumpfschildkröte weiß Wasser zu schätzen. Auch die **Ringelnatter** schwimmt vorzüglich und geht, wie schon gesagt, im Wasser auch auf die Jagd. Selbst die **Waldeidechse** bevorzugt kleine Tümpel in ihrem Lebensraum, und man hat sie schon dabei beobachtet, bei Gefahr Zuflucht im Wasser zu suchen.

Wie bei anderen Tiergruppen, die wir gern in unseren Garten locken möchten, gilt auch bei den **Reptilien** die allgemeine Regel: Je natürlicher und ungestörter zumindest größere Bereiche sich entwickeln können, desto größer sind die Chancen, dass sich darin auch Eidechsen und Schlangen wohlfühlen.

Fachgerecht errichtete Trockenmauern aus Naturstein sind eine Zierde jedes Gartens und bieten mancherlei Tier- und Pflanzenraritäten Unterschlupf.

Steine und Mauern – von Tieren bewohnt

Wir wollen diesen kurzen Überblick über die verschiedenen Tierlebensräume im Garten nicht abschließen, ohne einen Blick auf ein zunächst recht tot erscheinendes Habitat zu werfen. **Steine** spielen in den mediterranen Landschaften eine viel größere Rolle als im grünen Mitteleuropa. Steinig sind im sonnigen Süden nicht nur viele der spärlich bewachsenen, aber würzig duftenden Hügel und Hänge, steinig sind auch die großen aus den Bergen kommenden Flussbetten mit ihren ausgedehnten Geröll-, Kies- und Sandinseln und -ufern. Vor allem aber begegnen einem in Dalmatien, Griechenland, Italien, Spanien überall die alten, aus groben Feldsteinen aufgeschichteten **Mauern**, die Felder und Viehweiden abgrenzen und in so manchem Dorf sich zwischen den Häusern hinziehen. Alle diese **Steinlebensräume** beherbergen ihre eigene Fauna, meist wärmeliebende Insekten, Vögel und vor allem Reptilien.

Hierzulande sind solche Strukturen viele seltener. Natürliche Block- und Geröllhalden findet man nur im höheren **Gebirge,** die begradigten und gestauten **Flüsse** weisen auch im Alpenvorland kaum noch Kies- und Schotterflächen auf, **Natursteinmauern** werden selbst dort selten, wo sie einst das Landschaftsbild bestimmten, in den Weinbaugebieten. Auch hier können Gärten einen wichtigen Beitrag leisten, diesen interessanten Lebensraum wieder landläufiger zu machen.

Aus groben Bruchsteinen ohne Mörtel handwerklich kunstvoll aufgeschichtete Mauern, sogenannte **Trockenmauern,** sind für jeden Garten schon vom bloßen Anblick her eine Zierde. Sei es als frei stehende Mauer, als Garten- oder Terrasseneinfassung, sei es als Stützmauer zur Terrassierung eines Hangs oder einer Böschung. Notfalls tut es aber auch ein ordentlicher **Steinhaufen** in sonniger Lage. Die vielen Spalten und Höhlungen solcher Mauern (oder Haufen) bieten vielen interessanten Pflanzen und Tieren Wohn- und Lebensmöglichkeiten, Arten, die unter normalen Bedingungen schlicht fehlen würden. Die beiden erwähnten klassischen Trockenmauern – frei stehend und am Hang – unterscheiden sich nicht nur in ihrer technischen Funktion sondern auch in ihren Biotopeigenschaften. Da die **Stützmauer** auf einer Seite ständig mit dem Erdreich verbunden ist, ist ihr Kleinklima ausgeglichener und feuchter.

Es müssen nicht immer teure Lösungen sein: Auch mit alten Ziegeln und einigen Fundsteinen lassen sich kleine Stützmauern und Beeteinfassungen errichten.

Sie eignet sich besonders für die Ansiedlung von Mauerpflanzen, die ihre Wurzeln durch die Mauer in den Hang strecken, sowie als Versteck für Erdkröte, Molch und Grasfrosch. Die **frei stehende Trockenmauer** hat ein viel extremeres, trocken-warmes Kleinklima, in dem sich verschiedene Insekten sowie Eidechsen, Blindschleichen und die Ringelnatter wohlfühlen.

Neben den großen und kleinen **Verstecken** ist die **Wärmespeicherung** ein Charakteristikum der Natursteinmauern. Davon profitieren im Grunde alle wechselwarmen Tiere – und das sind alle außer den Vögeln und Säugetieren. Die klassischen Mauertiere aber sind die **Reptilien**: Eidechsen und Schlangen. Artenreich sind sie in den mediterranen Landschaften vertreten, bei uns, mangels Wärme und Steinen, nur in geringer Zahl.

Weniger bekannt ist, dass auch Erdkröten und Molche gerne im gleichmäßig klimatisierten Schutz der Hohlräume zwischen Steinen den Tag verbringen, allerdings eher in den unteren, feuchteren Stockwerken. Hier halten sie sogar teilweise ihre Winterruhe. In den oberen Etagen siedeln sich gerne solitäre (nicht staatenbildende) Bienen an, Mauerbienen, die für ihre Brut kunstvolle und mit Nahrung gut ausgestattete kleine Gehäuse bauen. Und schließlich sei noch erwähnt, dass auch Meisen, Rotkehlchen, Hausrotschwanz und andere Höhlen- und Halbhöhlenbrüter unter den Vögeln in geeigneten Natursteinmauern brüten.

Übrigens können auch steinreiche ebene Flächen für viele Tiere (und ganz besondere Pflanzen) ein interessanter Lebensraum sein:

Natursteine lassen sich ohne Mörtel zu den verschiedensten Mauern aufschichten, die uns ebenso gefallen wie Tieren und Pflanzen.

Terrassen mit unzementierten Fugen zwischen den Platten, **Kieswege** und vieles mehr. Reißen Sie nicht gleich jedes dort keimende Pflänzchen aus (Herbizide sollten ohnehin tabu sein), sondern beobachten Sie, was da blühen und duften will. Auch Falter und andere Insekten lassen sich gern auf den sonnenwarmen Flächen nieder, um sich aufzuheizen – und wenn Sie Glück haben, wird auch die eine oder andere Eidechse oder Schlange hier ihr Sonnenbad nehmen.

Säugetiere

Unsere Verwandtschaft mit den Säugetieren ist auch eine seelische.

Selbst zum stacheligen Igel und zur nächtlich flatternden Fledermaus

haben wir ein anderes Verhältnis als zu Frosch und Libelle. Und Sie wer-

den erstaunt sein, was sich da heutzutage herumtreibt – selbst in Gärten

mitten in der Stadt. Fuchs und Wildschwein sind vielleicht nicht unsere

Wunschkandidaten, spannend wird es mit ihnen aber auf jeden Fall.

Ein Garten für Igel

Das geheime, nächtliche Leben der Igel verrät sich uns oft lediglich durch Rascheln oder Schnaufen in der Dunkelheit – oder durch kleine schwarze Würstchen auf der Terrasse. Mit geeignetem Futter können wir die gemütlichen Stacheltiere nicht nur anlocken, sondern auch vertrauter machen. Und wenn wir Glück haben, können wir eines Tages eine Mutter mit einer Schar Miniaturigel beobachten. Jeder kennt das Märchen vom Wettlauf zwischen Hase und Igel. Da profiliert sich der Stachelträger als ziemlich gehfaul, aber schlau, indem er seine bessere Hälfte am Ziel der vereinbarten Rennstrecke postiert, wo sie den atemlosen Hasen mit den Worten empfängt: »Bin schon da«. Dem kritischen Leser wird bereits an der Tatsache, dass Hase und Igel um einen Golddukaten und eine Flasche Branntwein gewettet haben, klar, dass es die Gebrüder Grimm, oder wer immer sich die Geschichte ausgedacht hat, mit der naturwissenschaftlichen Wahrheit nicht so genau genommen haben. Richtig ist zwar, dass Hasen schneller rennen können als Igel, doch was die Ausdauer anlangt, können sich Igel durchaus sehen lassen. Auf ihren meist **nächtlichen Wanderungen** kommen sie kilometerweit in der Gegend herum.

Ammenmärchen

Überhaupt muss man dem **Volksmund** genau und ruhig auch ein bisschen misstrauisch aufs Maul schauen. Igel gelten bald als putzige Tierchen, bald als Raubtiere. Schlau sollen sie sein (wie uns das Märchen lehrt) und Diebe im Garten, die gar mit ihren Stacheln Äpfel aufspießen und davontragen. Igel seien Schädlinge, sagen die Einen, eine bedrohte Tierart die Anderen. Manche sehen im nächtlichen Wanderer nur den Verkehrssünder ... Kurzum: Die Meinungen, Vorurteile, Sagen rund um den Igel sind vielfältig und widersprüchlich wie bei kaum einem anderen Tier. Und der Volksmund tut auch nicht immer die Wahrheit kund: Bis in unsere Tage kursiert die Mär, es gäbe zwei Arten von Igeln, den stumpfnasigen **Hundsigel** und den spitznasigen **Schweinsigel** (in Norddeutschland Swinigel genannt). Immerhin beruht diese Ansicht auf Beobachtung, wenn auch auf unzulänglicher. Dass nämlich der verschreckte Igel mit gesträubten Stacheln und zurückgezogenem Kopf sich wenig später wieder in den beruhigten Igel mit angelegten Stacheln und ausgestreckter Schnauze verwandelt, das ist den Erfindern dieser Sage offenbar entgangen. Auf einem anderen Blatt (dem der scheinheiligen Verdrehung von Tatsachen) steht die Tatsache, dass im Mittelalter der Igel als **Fastenspeise** galt. Als Grund wurde die verquere Behauptung aufgestellt, er ernähre sich nur von Kräutern und Wurzeln, sei daher nicht als Fleischspeise zu betrachten. Natürlich ist kein wahres Wort an der Behauptung, der Igel lebe von Kräutern und Wurzeln. Allerdings ist auch die wissenschaftliche Bezeichnung **Insekten-**

fresser, die man einer ganzen Gruppe ziemlich urtümlicher Kleinsäuger gab, zumindest im Fall des Igels einigermaßen schönfärberisch. Da denkt man doch an die braven Meisen und Rotkehlchen, die uns im Garten so eifrig dabei helfen, Blattläuse, Raupen und anderes schädliches Getier zu vernichten.

Es stimmt zwar, dass sich der Stachelträger im Garten durch das Vertilgen von Engerlingen, Raupen, Würmern und Schnecken überwiegend nützlich macht. Wahr ist aber auch, dass Igel im Schutze der Dunkelheit so manches treiben, was ihnen niemand zugetraut hätte.

Mir selbst ist einmal Folgendes passiert: Meine rebhuhnfarbige Italienerglucke führte ihre acht entzückenden Küken frei im Garten herum und verbrachte mit ihnen die Nacht in einem offenen Schuppen. Leider musste ich bald feststellen, dass es unseren Küken wie den »kleinen Negerlein« erging. Sie wurden immer weniger. Was konnte das nur für ein geheimnisvolles Raubtier sein, das da Nacht für Nacht sich seine kleine Beute holte? Ein Marder, eine Katze, ein Iltis, eine Eule? Als ich eines Abends nach dem Rechten sah, traute ich meinen Augen nicht. Im Schein meiner Taschenlampe ertappte ich einen Igel, der gerade mit einem Küken in seinem Schweineschnäuzchen ohne Hast das Weite suchte.

Dass Igel sich keineswegs immer an ihre »vorgeschriebene« Insektendiät halten, ist längst bekannt. Besonders die **Eier und Jungen bodenbrütender Vögel** werden wohl regelmäßig »geräubert«, wenn ein hungriges Stacheltier zufällig oder vom Geruch angelockt darauf

Natürlich ist der Feldhase der schnellere Läufer. Ob der Igel schlauer ist – wer wollte das entscheiden.

stößt. Das hat in Seevogelkolonien schon zu ernsten Problemen geführt.

Das alles ist aber natürlich kein Grund, seinen Garten »igeldicht« abzuschotten. Im Gegenteil: Bieten Sie diesen interessanten und unterhaltsamen Tieren alles, was sie anlocken und vielleicht sogar zum Bleiben veranlassen kann. Bevor ich Ihnen hierzu ein

Igel ernähren sich überwiegend von Würmern, Schnecken und anderen Kleintieren. Manchmal verspeisen sie aber auch eine Maus, wenn sie zufällig auf eine tote stoßen oder auf ein Nest mit nackten Jungen. Auch Vogeleier und Jungvögel werden gerne mitgenommen, wenn sich die Gelegenheit bietet.

paar Tipps gebe, noch einige Anekdoten rund um den Igel.

In einem seiner nicht immer ganz stubenreinen Gedichte lässt uns Kurt Tucholsky wissen: »Wenn die Igel in der Abendstunde / still nach ihren Mäusen gehn, / hing auch ich verzückt an deinem Munde, / und es war um mich geschehn – Anna Luise!« Der Igel als **Mäusejäger**? Oder vielleicht doch? In Ergänzung zum oben Gesagten darf man feststellen: Igel leeren nicht nur Vogel-, sondern auch Mäusenester – und zwar schmatzend und mit Genuss. Bei ausgewachsenen Mäusen (auf die Tucholsky Bezug zu nehmen scheint) dürften sie allerdings kaum eine Chance haben.

Auch die sonst so naturkundlich bewanderten Briten haben ihre Igel-Ammenmärchen. Fast so beliebt wie Harry Potter ist dort »The Tale of Mrs. Tiggy-Winkle«, eine allerliebste Lügengeschichte von einer Igel-Waschfrau, die in einer kleinen blitzblanken englischen Küche unterm Hügel Wäsche bügelt und der kleinen Lucy wieder zu ihrem verlorenen Taschentuch verhilft. Verfasst ist diese absolut jugendfreie Story übrigens von einer gewissen Beatrix Potter.

Von unserem unverwüstlichen **Wilhelm Busch** stammt das (eher schwache) Gedicht »Bewaffneter Friede«, in dem der Fuchs den Igel auffordert, seine Rüstung abzulegen, die friedlichen Zeiten nicht angemessen sei. Was der natürlich nicht tut. Aber auch der Fuchs tut in diesem Poem nicht das, was Wilhelm Busch ihm in anderem Zusammenhang durchaus unterzujubeln versucht: auf den eingerollten Igel zu pissen – was nach altem Jägerlatein ein probates Mittel sein soll, unangreifbare Igelkugeln zu öffnen.

Von trauriger Glaubwürdigkeit sind Berichte, wonach in grauer Vorzeit, als Igel noch häufig und Supermärkte noch nicht erfunden waren, die Ärmsten der Gesellschaft ihren **Sonntagsbraten** aus der Hecke holten. Man sagt, so ein Igel, in Lehm überm Feuer oder in der Glut gebraten, sei eine recht schmackhafte Sache gewesen. Und die Stacheln seien am Ende hübsch sauber mit der Lehmhülle abgefallen. Da ich den Wahrheitsgehalt dieser Berichte nicht selbst überprüfen wollte, muss ich sie mit Vorbehalt zitieren. Angesichts der in jeder Hinsicht veränderten Lage möchte ich auch allen an wissenschaftlicher Aufklärung interessierten Lesern dringend raten, nicht die Probe aufs Exempel zu machen. Igel stehen unter Naturschutz – und ein halbes Brathähnchen ist heute doch wohl für jedermann erschwinglich.

Und nicht nur als Fasten- oder Armleutespeise mussten Igel herhalten. Die von Naturwissenschaft und Aufklärung noch wenig erleuchteten Menschen des Mittelalters verarbeiteten und verwendeten alle nur erdenklichen Pflanzen- und Tierteile zur Heilung ihrer Gebrechen oder als Kosmetika. In unseren Apotheken muss es damals ähnlich ausgesehen haben wie noch heute in fernöstlichen. Auch der Igel musste sich mit allem,

was er besitzt, zur Verfügung stellen, um der Leute Leiden, wenn schon nicht zu heilen, so doch ihren Glauben an Heilung zu stärken. Insbesondere die Schriften des Conrad Gesner (1516–1565) erweisen sich hier wieder einmal als wahre Fundgrube. In seinem »Thierbuch« preist er die Asche des Igels als »gut für faule, garstige Schäden oder Gebrechen« (allgemeiner geht's nicht!) und verspricht mit **Igelasche** dem geneigten Leser Haarwachstum sogar auf Narben. Innerlich empfiehlt er die Anwendung von Igelasche gegen Nierenschmerzen und Wassersucht. Gesalzenes und gedörrtes **Igelfleisch** helfe gegen Aussatz, und gegen Warzen gebe es nichts Besseres

Gärten, in denen sich Igel wohlfühlen, sind nichts für Ordnungs- und Sauberkeitsfanatiker. Die Stacheltiere bevorzugen ein lebendiges Durcheinander.

Mit Katzenfutter lassen sich Igel durchaus anlocken – sofern nicht Katzen schneller sind. Mit Milch sollte man es nicht versuchen (die verursacht bei Igeln Durchfall).

als Igelgalle. Für Haarausfall sorge die gleiche **Galle,** allerdings nur, wenn sie »mit dem Hirn von einer Fledermaus und Hundsmilch angestrichen« werde. Was man vielleicht als dezenten Hinweis darauf verstehen kann, den ganzen Unfug bleiben zu lassen.

Noch im 18. Jahrhundert befriedigte der französische Naturgelehrte Jean-Louis Leclerc de Buffon (eine Art Vorläufer unseres Brehm oder Grzimek) in seiner 44-bändigen »Naturgeschichte« den Aberglauben seiner Leser mit allerlei Quacksalberischem vom Nutzen des Igels. Empfohlen wird mit Honig und Essig vermische **Igelleber** bei Hüft- und Lendenschmerzen, Bleich- und Wassersucht, Gicht und Aussatz. (Ein wahres Allheilmittel!) Abso-

lut einleuchtend, dass die getrocknete und pulverisierte **Milz** der armen Stacheltiere bei Milzbeschwerden zu verschreiben sei. Weniger überzeugend, warum **getrocknetes Igelblut** den Abgang von Nieren- und Blasensteinen fördern soll. Igelschmalz, so weiß der Graf, lässt Knochenbrüche schneller heilen. Selbst die Verwendung von **Igelkot** wird angeraten: Mit Wacholderharz, Essig und Pech zur Salbe verrührt, seien die Würstchen ein unfehlbares Mittel gegen den Haarausfall.

Womit man Igel verführen kann

Doch genug der Schauermärchen. Wenden wir uns wieder dem real existierenden Igel im real existierenden Garten zu. Oder ist Ihr Garten noch igellos? Das ist gar nicht so leicht festzustellen, sofern man nicht ein notorischer Nachtwandler im Garten ist. Wir hatten schon viele Monate einen Igel in unserem Garten – erkennbar an den unverkennbaren schwarzen Würstchen auf der Terrasse –, bevor unser Sohn eines späten Abends es unter der Hecke rascheln und prusten hörte. Mit der kabelverlängerten Wohnzimmerstehlampe unterm Arm näherte er sich (einem mutigen Don Quichote gleich) dem nächtlichen Unwesen und identifizierte es zu aller Erleichterung als den längst vermuteten Bewohner der Holzlege.

Eine gewisse »Selbstorganisiertheit« des Gartens hat in unserem Fall einen der nächtlichen Wanderer offenbar dazu bewogen, bei uns einzukehren. Man kann dem mit gezielten Angeboten aber durchaus auch nachhelfen.

Weit verbreitet ist die Meinung, ein Schälchen **Milch**, abends auf die Terrasse gestellt, sei das beste Mittel, um Igel anzulocken und mit der Zeit zutraulicher zu machen. Davon müssen wir abraten. Igel mögen zwar Milch, aber sie bekommt ihnen schlecht. Sie kriegen Durchfall. Wenn Sie Igel anfüttern wollen, dann nur mit Futter, das sie gut vertragen: **Katzen- oder Hundefutter**, trocken (als sogenannte Brekkies) oder aus der Büchse, frisches, fettarmes Hackfleisch, lebende Mehlwürmer – das entspricht in etwa ihrer natürlichen Nahrung. Und geringe Mengen genügen vollkommen. Man sollte aber aufpassen, dass nicht die Katzen der Nachbarn die Nutznießer der Fütterung werden. Wo diese Gefahr besteht, muss man das Futter in einem nur für Igel zugänglichen Versteck anbieten. Dazu eignet sich eine mindestens 60 cm lange Schachtel oder Holzkiste (Obstkiste) mit einer Öffnung von höchstens 10 × 10 cm, in deren entferntestes Ende man den Futternapf stellt. Ein Karton sollte befestigt oder beschwert werden, damit er beim Durchzwängen des Igels nicht herumrutscht. Überhaupt lässt sich ein Garten durch geeignete Verstecke und Unterschlüpfe für herumstreifende Igel attraktiv machen. Ältere oder ländlichere Gärten bieten meist genug Gelegenheiten, wo der Igel ein trockenes Plätzchen findet, sei es, um hier an regnerischen Tagen ein Dach überm Kopf zu haben, sei es, um sich ein immer wieder aufgesuchtes **Schlafnest** zu bauen, sei es, um warm und weich gepolstert hier die **Jungen** zur Welt zu bringen und aufzuziehen. Im Herbst suchen Igel geschützte, vor allem trockene Stellen

Wo es an natürlicheren Verstecken fehlt, kann man Igeln auch ein Igelhaus kaufen oder selbst eines bauen. Für ihr Schlaf-, Jungen- oder Winternest brauchen sie Plätze, die vor Nässe von oben und unten geschützt sind. Unter Gartenhäuschen oder Holzstößen ist es schön trocken.

für das Nest, in dem sie ihren **Winterschlaf** halten.

Besonders anziehend sind für Igel niedrige Zwischenräume zwischen Erde und irgendeinem »Dach«, also etwa unter Gartenhäuschen, Lauben, Schuppen und Bienenhäusern, unter Treppen und Veranden. Auch unter Holzstößen finden sie oft einen trockenen Platz. In freier Natur, wo es derlei Verstecke nicht gibt, kriechen sie in hohle oder unter umgefallene Baumstämme, unter **Reisighaufen**, auch unter Steine, um ihr Nest aus altem Laub und trockenem Gras zu bauen.

Mit Kindern eine Igelwohnung bauen

In Gärten, wo solche Unterschlüpfe fehlen, kann man mit den Kindern eine einfache Wohnung für den Igel basteln und an einem möglichst ruhigen Plätzchen aufstellen. Die kann im einfachsten Fall aus einer großen, recht flachen, an fünf Seiten geschlossenen **Holzkiste** bestehen, ein Dach mit drei niedrigen Wänden, von denen eine einen etwa 10 × 10 cm großen **Einschlupf** hat. Das Dach sollte etwa 40–50 cm im Quadrat messen, die Seitenwände sollten nicht höher als 15–20 cm sein. Etwas trockenes Laub und Gras im Innern (oder zum Selbsteintragen in der Umgebung) erhöht die Attraktivität. Das Ganze lässt sich natürlich auch mit einem Brett auf seitlich aufgeschichteten Ziegelsteinen verwirklichen. Architektonische Perfektion ist bei Wildtieren eher unbeliebt. Ein etwas erhöhter Boden aus Holz oder Stein ist nur nötig, wo die Gefahr besteht, dass Regenwasser seitlich zuläuft.

Abschließend sei zum Thema Igel im Garten noch auf eine manchmal übersehene Banalität hingewiesen: Wenn Ihr Garten durch hohe **Betonsockel** oder bis auf den Boden reichende dichte **Zäune** zur Umgebung hermetisch abgeriegelt ist, nützen selbstverständlich weder Futter- noch Versteckangebote!

Trocken, gut isoliert und belüftet ist so eine Igelvilla, die man natürlich auch selber bauen kann. In der Regel finden Igel aber auch geeignete natürliche Verstecke für ihren langen Winterschlaf.

Das Kleine Igel-Einmaleins

Obwohl Igel (*Erinaceus europaeus*) zu den wenigen wild lebenden Säugetieren unserer Fauna gehören, denen wir trotz ihrer überwiegend nächtlichen Lebensweise immer wieder einmal begegnen, wissen wir doch meist erstaunlich wenig von ihrem Leben und Treiben. Und unsere Unkenntnis beschränkt sich keineswegs nur auf die immer wieder gestellte Frage: Wie machen sie's?

Die Familie der Igel (Erinaceidae) gehört, wie schon gesagt, der Ordnung der Insektenfresser (Insectivora) an, sie sind also weitläufig mit den Sippschaften der Maulwürfe und Spitzmäuse verwandt. Igel kommen in Europa, Afrika und Asien vor, fehlen also in Amerika und Australien. Ob unsere Igel mit ihrer braunen oder grauen Unterseite und ihrem dunkleren Brustfleck sich vom unterseits helleren, in Osteuropa und Vorderasien lebenden Weißbrustigel als eigene Art oder nur als Rasse unterscheiden, ist umstritten, da es in den Überschneidungsgebieten allerlei Mischlinge gibt. Im Übrigen leben auf den Balearen und an der spanischen Mittelmeerküste Abkömmlinge des in Nordafrika beheimateten Algerischen Igels; man nennt sie Wanderigel. Sie sind deutlich hochbeiniger, spitzschnauziger und heller, außerdem sind ihre Ohren deutlicher zu sehen.

Die Igel – die mit den zu den Nagetieren zählenden **Stachelschweinen** außer den Stacheln wenig gemein haben – gehören zu den **ältesten Säugetieren**. In der Grube Messel bei Darmstadt fand man ein stacheltragendes Säugetier von Rattengröße, dessen Alter auf

Jung aufgezogene Igel können sehr zutraulich werden. Ob sie dann noch »wildnistauglich« sind, ist eine andere Frage.

50 Millionen Jahre geschätzt wurde. Mit Sicherheit steht der Stamm der Insektivoren an der Basis aller höheren Säugetiere, sie sind also auch unsere weit entfernten Vorfahren. In ihrer heutigen Form lebten Igel bereits vor 15 Millionen Jahren. Das zeugt von einer sehr erfolgreichen »Produktlinie«. Ob das Modell Mensch es jemals auf eine ähnlich erfolgreiche Laufzeit bringen wird, muss angesichts unseres wenig pflegsamen Umgangs mit den

Lebensgrundlagen stark bezweifelt werden. So könnte am Ende das Märchen vom Hase und Igel zu einem beschämenden Symbol für den Wettlauf des Menschen mit seinen bescheideneren Lebensgenossen werden.

Verbreitung und Lebensräume

Unser heimischer Igel ist von den europäischen Atlantikküsten über Skandinavien bis

Offene Kellertreppen können Igeln zum Verhängnis werden. Mit einfachen Mitteln kann man ihnen helfen, der Falle wieder zu entkommen.

nach Mittelrussland verbreitet. Und wenn man die Sache mit der braunen und weißen Brust nicht so ernst nimmt, dann erstreckt sich seine Heimat auch über Südosteuropa bis nach Vorderasien.

In diesem **ausgedehnten Areal** bewohnt der Igel kleinräumig abwechslungsreiche, nicht zu nasse Landschaften mit Gebüsch und Laubbäumen, Brachflächen mit Staudendickichten und offenen, kurzrasigen Flächen, auch steinige bis felsige Orte, in denen er sein gutes **Klettervermögen** unter Beweis stellen kann. In den Alpen findet man Igel bis in eine Höhe von 2000 m.

Da sowohl die intensiv genutzten, vielfach baum- und strauchlosen Landwirtschaftsflächen als auch die Nadelholz-Monokulturen der Forstwirtschaft den Nahrungs- und Versteckbedürfnissen des Igels in keiner Weise gerecht werden, haben sich die Tiere in weiten Teilen Europas ganz auf die durchgrünten **Randbereiche der Dörfer und Städte** zurückgezogen. Leider tragen aber allzu säuberliche Gärten, zu viele unüberwindbare Zäune und Betonschwellen sowie lebensgefährliche Straßen dazu bei, dass unsere Freunde auch hier nicht gerade im Paradies leben.

Im Allgemeinen sind Igel sehr standorttreu. Das kann ihnen überall dort zum Verhängnis werden, wo in der Kulturlandschaft verinselte Kleinpopulationen leben. Ohne Zuwanderung fehlt der für eine gesunde und widerstandsfähige Population nötige Genaustausch. Und wenn die Zahl der Einzeltiere unter eine bestimmte Schwelle absinkt, sei es durch Nahrungsmangel, durch Krankheiten oder durch Verluste aller Art (heute vor allem Verkehrsopfer), so besteht die Gefahr des völligen Erlöschens einer Kleingruppe. Eine natürliche **Wiederbesiedlung** solch isolierter Lebensräume ist oft gar nicht oder erst nach vielen Jahren möglich.

Zu ihrem Glück sind Igel aber nicht nur standorttreu, sondern auch gute **Läufer**. Besonders die Aktionsräume der Männchen sind oft erstaunlich groß. Sie durchstreifen Flächen bis zu einer Größe von 100 Hektar, das ist immerhin ein Geviert mit einer Kantenlänge von einem Kilometer. Die Weibchen begnügen sich in der Regel mit kleineren Territorien von 30 Hektar oder weniger. Allerdings überlappen sich meist die Aktionsräume mehrerer Igel, sodass es keine markierten beziehungsweise verteidigten **Reviere** wie bei vielen anderen Tieren gibt. Monotone Nadelforste oder Agrarflächen mit einer Ausdehnung von mehr als 1000 m stellen selbst für wanderfreudige Igelmännchen eine fast unüberwindliche Barriere dar. Für Weibchen sind schon Kulturwüsten von mehr als 500 m Ausdehnung unter gewöhnlichen Bedingungen ein Grund zu verzagen.

Freilich muss man annehmen, dass Igel, wie fast alle Tiere, unter ungewöhnlicheren Bedingungen auch zu ungewöhnlichen Leistungen fähig sind. Wird etwa in einem Lebensraum die Nahrung knapp, findet sich kein Geschlechtspartner oder wird es durch Vermehrung eng, verlassen auch Igel ihre Heimat. Das Auswandern hat aber auch nur dann Aussichten auf Erfolg, wenn unterwegs wenigstens ein Minimum an Wegzehrung geboten ist und die Gefahren für Leib und Leben sich in Grenzen halten. Schon ein Netz von unbewirt-

schafteten Wegrändern, Bahndämmen, Uferstreifen, Hecken und Feldgehölzen kann den Igeln – und nicht nur den Igeln! – ein Schicksal im »Gefängnis« **isolierter Lebensräume** oder gar den Tod ersparen.

Fortpflanzung

Igel sind Einzelgänger. Ihr Sozialverhalten beschränkt sich daher auf das biologisch Notwendige, auf Begattung und Jungenaufzucht. Zwischen Ende Juni und Mitte August werden die Igelweibchen läufig. Die Igelmännchen streifen dann weiter als gewöhnlich herum, um ein Weibchen zu finden. Stoßen sie auf die Düfte eines solchen, dauert es in der Regel nicht lang, bis sie eine Partnerin aufgestöbert haben.

Wie bei vielen Tieren muss das Männchen nun zunächst die **innerartliche Aggression** überwinden. Es bedient sich dazu einer denkbar einfachen Methode, indem es das störrische Ziel seiner Wünsche mit großer Ausdauer umkreist – eine Paarungszeremonie, die man auch »**Igelkarussell**« nennt. Lange zeigt sich die so Umworbene widerborstig und boxt den Eindringling in typischer Igelmanier mit aufgestellten Kopfstacheln fort, wenn er ihr zu nahe kommt. Bei all dem lassen die Igel erstaunliche **Geräusche** hören. Was schließlich den Sinneswandel erzeugt, wir wissen es nicht. Jedenfalls obsiegt irgendwann die Pflicht zur Arterhaltung, und es kommt zur **Paarung**. Sie vollzieht sich – im Gegensatz zu vielerlei Spekulationen – in der bei den meisten Tieren üblichen Art und Weise. Offenbar kann das Weibchen sein Hin-

Die Paarung von Igeln (ganz oben) verläuft wie bei den meisten Wirbeltieren – trotz Stachelkleid. Allerdings muss das Männchen lange hinter der Dame seiner Wahl her laufen. Igelbabys kommen blind und mit weichen und verhüllten Stacheln zur Welt.

terteil im entscheidenden Moment so hoch recken, dass das Männchen unbeschadet die Begattung vollziehen kann. Kurz danach trennt sich das Paar wieder, was den Vorteil hat, dass die künftige Igelmutter keinen Nahrungskonkurrenten in ihrem Bereich dulden muss.

Etwa 35 Tage nach der Begattung kommen die **Jungen** zur Welt. Das Weibchen hat zu diesem Zweck ihr gewöhnliches Tagesversteck zu einem großen, weich gepolsterten **Nest** ausgebaut. Das Material dazu – trockenes Gras, altes Laub, Moos und dergleichen – wird natürlich nicht, wie manchmal behauptet, mit den Stacheln aufgespießt und eingetragen, sondern mit der Schnauze. Bevorzugte Standorte für die Kinderstube haben wir schon weiter oben beschrieben.

Die Zahl der **Jungen** liegt je nach Ernährungszustand und Alter der Mutter zwischen vier und sieben. Die Jungen kommen mit geschlossenen Augen und Ohren zur Welt, sind also echte »Nesthocker«, was bei den Säugetieren (im Gegensatz zu den Vögeln) ein Zeichen von geringer Entwicklungshöhe ist. Zwischen dem 14. und 18. Lebenstag öffnen sich Augen und Ohren, und im Alter von gut drei Wochen verlassen die Kleinen zum ersten Mal für kurze Ausflüge mit der Mutter das Nest. Dabei versuchen sie, hinter der Mutter her trippelnd, auch schon selbst Nahrung aufzuspüren und zu verspeisen. Die Igelmutter ist ihnen dabei allerdings in keiner Weise behilflich, führt sie allenfalls an gute Futterplätze. Verhungern müssen sie in ihrer Unerfahrenheit aber nicht, da sie noch bis zur sechsten Lebenswoche regelmäßig **gesäugt**

Erst nach 3 Wochen verlassen die Igeljungen mit der Mutter erstmals das Nest; selbstständig sind sie frühestens im Alter von 2 Monaten. Indem sie mit der Mutter auf Nahrungssuche gehen, lernen sie, wo und wie man geeignete Nahrung findet.

werden. Im Alter von etwa zwei Monaten sind die jungen Igel mit einem Körpergewicht von 200–250 g selbstständig und verlassen dann auch bald ihren Geburtsort.

Untersuchungen in Dänemark an 453 Igelgeburten haben folgende Verteilung der **Geburtszeiten** ergeben: 19 im letzten Julidrittel, 278 im August, 144 im September und noch zwölf im Oktober. Die Überlebenschancen so spät im Jahr geborener Igel sind in unserem Klima freilich gering. Igel bringen also ihre Jungen erstaunlich spät im Jahr zur Welt; ihnen bleibt nicht viel Zeit, sich den nötigen Winterspeck zuzulegen. Untergewichtige Jungigel sollte man aber nicht vor Ende Oktober in Obhut nehmen oder geben.

Lautäußerungen

Die Paarungszeit der Igel ist auch die Zeit, in der sie am stimmfreudigsten sind. Über die gesamte Aktivitätsperiode kann man aber auch von einzelnen Igeln zum Beispiel schnaufend-fauchende bis schnarchende **Geräusche** vernehmen, die ausdrücken, dass sie sich gestört, aber nicht bedroht fühlen. Etwas dezenter schnaufen Igel beim Erkunden fremder Gegenstände oder Umgebungen. Bei Gefahr, aber auch beim Paarungsspiel, fauchen, puffen und tuckern sie wie eine Dampfmaschine. Geraten Igel wirklich in Not, können sie laut und durchdringend kreischen. Wenn sich Igel in die Quere kommen, etwa an einer Futterstelle, lassen sie ein lautes, offenbar aggressionsgetöntes **Keckern** hören. Leise blubbernde und fiepende Geräusche machen sie in freudiger Erregung, wenn es etwas zu Essen gibt. Von hungrigen oder die Mutter suchenden Jungigeln hört man ein kurzes, wiederholtes **Fiepen**, von spielenden Jungen zwitschernde Laute, die an Vögel erinnern.

Winterschlaf

Höchst bemerkenswert ist die Eigenart der Igel, einen Winterschlaf zu halten. Da Winterschlaf ein Zeichen unvollkommener Temperaturregulation und damit Hinweis auf eine niedrige Evolutionsstufe ist, zeigt dies, dass Igel sogar innerhalb der ohnehin »primitiven« Gruppe der Insektivoren zu den besonders altertümlichen Gattungen gehören; denn kein anderer heute lebender Vertreter der Gruppe

hält ebenfalls Winterschlaf. Dafür findet man dieses Verhalten da und dort bei höher entwickelten Gruppen, bei Fledermäusen und einigen Nagetieren (Siebenschläfer u. a.). Winterschläfer wie unser Igel müssen sich im Herbst ein ordentliche **Fettpolster** zulegen, damit sie viele Wintermonate ohne Nahrungsaufnahme überstehen können. Dabei kommt ihnen zustatten, dass ihre Körpertemperatur (gewöhnlich um 35 °C) bei eingeschränkter Schilddrüsenfunktion auf sehr niedrige Werte (2–5 °C) absinken kann, bevor die Thermoregulation wieder einsetzt. Dadurch macht der Energieumsatz nur noch etwa ein Fünfzigstel des Sommerumsatzes aus. Mit einer ordentlichen Fettschicht und einem trockenen Winternest kommt ein Igel mit dieser Strategie gut über vier bis fünf Wintermonate.

Nahrung

Die natürliche Nahrung der Igel hängt vom Angebot des betreffenden Lebensraums ab. Käfer, Heuschrecken, Grillen und andere am Boden lebende **Insekten** sowie deren **Larven** machen in der Regel den größten Teil ihres nächtlichen Speiseplans aus. Aber auch Asseln, Tausend- und Hundertfüßer, Ohrwürmer, Spinnen und Weberknechte, Würmer und Schnecken werden verzehrt. Wenn Igel auf ein Nest mit jungen Mäusen stoßen, so machen sie sich natürlich auch darüber her. Auch die

Haufen aus Reisig und/oder Laub können gute Winterquartiere für Igel sein. Dann muss man aber bei Abtragen oder Verbrennen aufpassen.

Nester am Boden brütender Vögel werden geleert, wo sie zufällig erreichbar sind, egal ob sich darin Eier oder Jungvögel befinden. Wie ich weiter oben schon berichtete, rauben ganz kecke Igel sogar Küken unter der Glucke weg. Ob sie aber auch Hühnereier knacken können, ist umstritten und eher unwahrscheinlich.

Grundsätzlich brauchen Igel eine fett- und eiweißreiche Ernährung. **Pflanzliche Nahrung** nehmen sie allenfalls zur Not, nebenbei oder als Ballaststoffe zu sich. Die alte Geschichte vom Igel, der mit seinen Stacheln Früchte aufspießt, um sie in seine Vorratskammer zu tragen, stimmt also in dreifacher Weise nicht: Weder benützen sie ihre Stacheln als Spieße, noch legen sie Vorräte an, und an einem reifen Apfel knabbern sie höchstens nebenbei einmal. Bei richtiger Ernährung sind vegetarische Zugaben auch in Gefangenschaft durchaus nicht nötig. Die erforderlichen **Vitamine** beziehen die Igel aus ihrem natürlichen oder angebotenen Lebendfutter wie Mehlwürmern oder Fliegenmaden, oder man fügt sie dem Futter bei.

Für eine gute Verdauung sind mehr oder weniger unverdauliche **Ballaststoffe** in der Igelnahrung wichtig. Das harte und unverdauliche Chitin der Insekten bildet in der Natur den größten Anteil an Ballaststoffen. (Man sieht es an den oft glitzernden Resten von Käferflügeln in ihrem Kot.) Darüber hinaus werden aber mit Maden, Würmern und Schnecken allerlei pflanzliche Abfälle und auch Erde und kleine Steinchen aufgenommen. Wer Igel in Gefangenschaft hält, muss darauf achten, dass ihre Nahrung auch Unverdauliches enthält.

Mit ihrer Stupsnase und den glänzenden Knopfaugen entsprechen Igel unserem »Kindchenschema« – wenn nur diese Stacheln nicht wären.

Feinde

Dank seiner bewährten Ausrüstung ist der Igel unter natürlichen Bedingungen keinem starken Feinddruck ausgesetzt. Das heißt aber keineswegs, dass der langsame, nahrhafte Bursche unantastbar wäre. Große Eulen und Greifvögel mit langen, dolchartigen Krallen wie Uhu oder Steinadler werden relativ leicht mit einem Igel fertig, weil sie mit ihren Waffen durch die Stacheln in den Körper eindringen können. Besonders der **Uhu** ist daher in Mitteleuropa einer der Hauptfeinde des Igels.

Doch auch Säugetiere stellen dem Igel nach, so **Fuchs** und **Dachs**. Über ihre Methoden gibt

Gegenüber Feinden können sich Igel wirksam »einigeln«. Gegen Autos und andere Erfindungen nützt das freilich nichts.

Zu den Feinden der Igel gehören auch ihre **Parasiten**: Zecken, Fliegenmaden, Flöhe, Milben außen, Lungenwürmer, Lungenhaarwürmer, Darmhaarwürmer, Darmsaugwürmer und Coccidien (Einzeller) innen. Wie stark Igel unter Parasiten zu leiden haben, hängt sehr von ihrem allgemeinen Gesundheitszustand ab. Schwache, schlecht ernährte Tiere werden stärker befallen und zudem leichter ein Opfer des Befalls. Flöhe und Zecken haben fast alle wild lebenden Igel. Gesunden Tieren schaden sie nicht sichtbar. Auch Lungenwürmer sind sehr verbreitet; ihr Zwischenwirt sind vor allem Schnecken. Schwächere Tiere erliegen oft dem Befall.

Wie können wir Igel schützen?

Die unbestreitbare Tatsache, dass in Dörfern und gartenreichen Stadtteilen die Igeldichte meist ein Vielfaches der in der freien Landschaft beträgt, lässt sich wohl eher auf die Unwirtlichkeit der intensiv genutzten Feldflur zurückführen als auf die überragende Attraktivität der Siedlungen. Der größere Strukturreichtum im Siedlungsbereich ist leider auch mit einer größeren Gefahrenvielfalt für die kleinen Stachelträger verbunden.

Eine folgenreiche und oft unnötige **Verschlechterung der Lebensbedingungen** stellen Hindernisse aller Art dar. Vor allem bis auf den Boden reichende Maschendrahtzäune und mehr als 10–15 cm hohe Betonsockel oder Mauern sind unüberwindbare Hürden nicht nur für Igel, sondern auch für Frösche, Kröten und andere »bodenständige« Tiere.

es sicher mehr Jägerlatein als zuverlässige Beobachtungen. Ob der Fuchs wirklich den eingerollten Igel mit Urin bespritzt oder ins Wasser rollt, um ihn angreifbar zu machen, ist wenig glaubhaft. Wie Beobachtungen mit Hunden zeigen, ist auch ein eingerollter Igel keineswegs unangreifbar, zumal nicht bei längerer Bearbeitung. Der Dachs setzt seine langen scharfen Krallen ein, um einen Igel zu erbeuten. Im Allgemeinen sind es aber wohl vor allem junge Igel, die das Opfer von Füchsen und Dachsen, Mardern und Iltissen, auch von Wildschweinen, Mäusebussarden, Habichten und anderen Greifvögeln und Eulen werden.

Sollte Ihr Garten auf diese Weise »einbruchsicher« sein, lassen sich oft mit einfachen Mitteln Abhilfen schaffen: Vor einen zu hohen Betonsockel kann man in Abständen von einigen Metern größere Natursteinbrocken oder Ziegel als Stufen stellen. Einen zu dicht am Boden endenden Drahtzaun kann man in Abständen durch Steine oder Holzstücke so anheben, dass ein Igel daneben durchschlüpfen kann. Eine Öffnung von 10 × 10 cm reicht vollkommen.

Fallgruben für Igel gibt es mehr, als man denkt. Steilrandige **Wasserbecken** gehören zu den gefährlichsten. Ebenso gefährlich sind **Kellerschächte** und **Kellertreppen**. Selbst Absperrgitter verhindern tödliche Unfälle nicht, wenn sie bis zur Hauswand nicht so dicht sind, dass auch Igelkinder nicht mehr durchfallen können (weniger als 5 cm). Wo eine Gitterabdeckung (mit Mückengitter) von Schächten nicht möglich ist, sollte man ein schräges Brett als Ausstiegshilfe anbringen. Bei Kellertreppen haben sich Ziegelsteine als nützlich erwiesen, die am Rand der Treppe die Stufenhöhe halbieren.

Am besten, Sie gehen einmal »mit Igelaugen« durch Ihren Garten, um alle Fallgruben zu entdecken und unschädlich zu machen. Dabei werden Sie sicher auch auf weitere Gefahren aufmerksam. **Kunststoffnetze** zum Beispiel, die Vögel von Ihren Beerensträuchern abhalten sollen, können Igeln durchaus zum Verhängnis werden, wenn sie bis auf dem Boden hängen; die nächtlichen Besucher können sich darin verheddern und strangulieren. Das **Verbrennen von Reisighaufen und Gartenabfällen** ist im Allgemeinen verboten.

Aus den verschiedensten Gründen wird es trotzdem praktiziert. Dabei kommen immer wieder Igel und ganze Igelfamilien ums Leben. Denn bekanntlich bevorzugen Igel den Wetterschutz von Reisighaufen zum Bau ihrer Schlaf- oder Geburtsnester und verbringen darunter auch gern ihren Winterschlaf. Man sollte also – wenn es denn sein muss – den Haufen vor dem Anzünden wenigstens umsetzen.

Besondere Vorsicht ist auch bei allen **Gartenarbeiten** geboten, besonders wenn man mit scharfem Werkzeug – Sense, Mist- oder Heugabel, Grabgabel, Spaten, Schaufel, Motorsense und Motormäher – in Falllaub, Reisig- und Komposthaufen herumstochert. Da sind nicht nur Igel, sondern auch Blindschleichen, Ringelnattern, Frösche, Kröten und andere Tiere gefährdet.

Igel sind in vielen Ländern Europas ganzjährig geschützt. Das deutsche Naturschutzgesetz verbietet es, Igel zu töten, zu beunruhigen oder zu stören, sie aus ihrem Lebensraum zu entfernen oder ihre Nester und Unterschlüpfe zu zerstören. Igel dürfen nur dann mitgenommen werden, wenn es sich um eindeutig kranke oder verletzte Tiere handelt oder um Jungtiere im Spätherbst, die allem Augenschein nach weniger als die Hälfte des Erwachsenengewichtes von 800–1000 g haben und daher den Winter aus eigener Kraft wahrscheinlich nicht überleben können. In Pflege genommene Tiere müssen in ihrem Lebensraum (wenn möglich, nahe ihrer Fundstelle) wieder frei gelassen werden, sobald sie in der Lage sind, ohne Hilfe sich zu ernähren und zu überleben.

Einen Igel in der Hand zu halten ist ein Erlebnis für Kinder – und richtig angefasst tun die Stacheln nicht weh.

Igel sind in Mitteleuropa besonders durch den **Verkehr** bedroht. Straßen können für Igel geradezu zur Falle werden, da sie mit vielen Kleintieren »beködert« sind, die entweder selbst Verkehrsopfer wurden oder die Fahrbahn aktiv aufsuchen, sei es um der leichten Beute oder der gespeicherten Wärme wegen.

Die Langsamkeit der Igel und ihr passives Einigeln bei Gefahr machen sie zum häufigsten Verkehrsopfer unter unseren Säugetieren. Durch etwas langsameres und umsichtigeres Fahren auf nächtlichen Landstraßen könnte so manchem Igel (und nicht nur ihm) das Leben gerettet werden.

Zur **Förderung von Igeln** könnten wir viel tun – oft allein durch Nichtstun. Was der einzelne Gartenbesitzer zum Schutz der Igel beitragen kann, davon war schon die Rede. Darüber hinaus wäre es aber höchst wünschenswert, wenn auch die Personen und Institutionen, denen die Nutzung und Pflege der Landschaft anvertraut ist, mehr als bisher darauf achten würden, die Natur ganz allgemein in ihrer Vielfalt sich entwickeln zu lassen, nicht ständig und überall sich den Golfrasen zum Vorbild zu nehmen. Etwa bei den **Pflegearbeiten** an Straßen-, Weg- und Grabenrändern, an Bahnböschungen und Dämmen, auf Industrieflächen u. Ä. Wenn überhaupt solche Flächen gemäht werden müssen (müssen?), so sollte dies nur einmal im Jahr, im späten Herbst, geschehen. Damit könnte man kostengünstig und ohne Nutzungseinschränkungen ein engmaschiges Netz von artenreichen Kleinlebensräumen schaffen, das auch den Igeln sehr zugute käme.

Viel könnten die **Landwirte** für eine lebendigere Landschaft und damit auch für den Igel tun, indem sie ihre wenig begründete Aversion gegen »Unkräuter« außerhalb der Ackerflächen überwinden, Hecken und Feldrainen einen Platz einräumen sowie Gräben, Uferstreifen und Böschungen sich selbst überlassen oder nur im Spätherbst mähen würden.

Fledermäuse brauchen unsere Zuneigung und Hilfe

Nicht viele Tiere unserer Fauna haben die Fantasie der Menschen so nachhaltig angeregt wie Fledermäuse – leider meist zu ihrem Image- und oft genug auch Körperschaden. Sie bewohnen oft unsere Häuser oder hausen in einem alten Obstbaum unseres Gartens. Trotzdem wissen wir meist herzlich wenig über die einzigen fliegenden Säugetiere in unserer Nachbarschaft. Über Jahrhunderte hat man sie verteufelt. Heute entdecken wir – teilweise mit modernster Technik –, wie interessant und auch sympathisch die kleinen Batmans sind, die mit Echoortung durch die Nacht flattern und Insekten fangen.

Mit den Fledermäusen verhält es sich ähnlich wie mit Mäusen, Schlangen und Spinnen: Sie erfreuen sich nicht überall spontaner Zuneigung.

Wenn einem in friedlicher Abenddämmerung plötzlich eines dieser schattenhaften Flattertiere zu nahe oder gar ins Zimmer kommt, ist die erste Reaktion vieler Menschen leichte bis hysterische **Panik**. Glücklicherweise suchen Fledermäuse selten gezielt Wohnräume auf, und dank ihres hervorragenden Orientierungssinns verfliegen sie sich auch nicht oft in Gebäude. Auch im Freien halten sie gewöhnlich ausreichend **Abstand vom Menschen**. Außerdem sind sie hierzulande so selten geworden, dass Begegnungen zwischen Mensch und nächtlichem Flugobjekt eher Seltenheitswert haben. Schwindender Aberglaube, zunehmende naturkundliche Bildung und wachsendes Umweltbewusstsein tragen überdies dazu bei, dass immer mehr Menschen sich für Fledermäuse interessieren und für ihren **Schutz** einsetzen.

Schauergeschichten

Dennoch geistern immer noch Schauergeschichten durchs Land. Zu den hartnäckigsten gehört die Mär, Fledermäuse hätten es – aus welchen Gründen immer – auf unsere Haare abgesehen. Es würde mich nicht wundern, wenn diese haarsträubende Story damit begründet würde, dass Fledermäuse ihr Nest

Wer sich näher mit Fledermäusen beschäftigt, entdeckt bald sympathische Züge, die man den Nachtgespenstern gar nicht zugetraut hätte.

Die Vorliebe mancher Fledermäuse für alte
Gemäuer hat sicher sehr zur Mythenbildung
beigetragen. Hier ein Mausohr.

aus Menschenhaar bauten. (Schließlich hat
man ja auch den Igel schon verdächtigt, mit
seinen Stacheln Äpfel aufzuspießen, um sie
als Wintervorrat einzutragen!) Natürlich denken Fledermäuse gar nicht daran, Nester zu
bauen; mit Mäusen haben sie ohnehin nur
den irreführenden Namen gemeinsam. Und
überhaupt machen sie, wie gesagt, eher
einen großen Bogen um unsereins – möge unsere Haarpracht noch so verlockend sein.
Ein anderes Vorurteil behauptet, Fledermäuse
seien schmutzig, voller Parasiten und außerdem noch Überträger von **Tollwut**. Gewiss, auf
alten Dachböden, wo seit Generationen Dut-
zende oder Hunderte von Fledermäusen im

Gebälk ihre Jungen zur Welt gebracht und auf-
gezogen haben, sammelt sich unter ihnen oft
eine Menge trockener **Kotkrümel** an. Das ist
aber eher ein hausfrauliches Problem, denn
dem winterlichen Saubermachen – wenn die
Tiere in irgendeiner Höhle ihren Winterschlaf
halten – steht durchaus nichts im Wege. Die
Fledermäuse selbst achten sehr auf Sauberkeit und Körperpflege, wobei sie ihre Füße
wie einen Kamm durch Fell ziehen. Tollwut
wurde bei ihnen hierzulande so selten gefunden, dass die Wahrscheinlichkeit einer Über-
tragung geringer ist als ein Sechser im Lotto.
Die wenigen Nachweise einer Tollwutinfektion
durch Fledermäuse gehen fast alle auf Bisse
durch die Breitflügel-Fledermaus zurück.
Nicht allein aus diesem Grund sollte man Fledermäuse (und andere Wildtiere) nur mit
Handschuhen oder einem Tuch anfassen.
Zu dem nicht eben freundlichen Image der
Fledermäuse hat im christlichen Kulturkreis
auch (mal wieder) die **Bibel** beigetragen. Im
Alten Testament werden sie zu den »unrei-
nen« Tieren (und zu den Vögeln!) gezählt.
Vielleicht bezieht sich die Warnung aber auf
das Fleisch der Fledermaus und nicht auf ihr
Äußeres – und dann könnte man sie als einen
Akt des Artenschutzes ja sogar noch gut-
heißen. Bei den alten Römern galt die Fledermaus als blutsverwandt mit dem **Teufel**. Und
was in Transsylvanien so alles an blutsaugen-
den **Vampiren** herumgeistert, die nachts auf
Fledermausflügeln aus Grüften aufsteigen,
um sich an zartem Mädchenhals zu delektie-
ren … Haarsträubend.
Wer in Mythologie und Symbolik nach freund-
licheren Fledermausbildern sucht, muss in

den fernen Osten reisen. Bei den **Chinesen** bezeichnet das Wort »fu« das Glück *und* die Fledermaus. Fünf Fledermäuse (»wu fu«) sollen ein langes Leben, Reichtum, Gesundheit und einen leichten Tod dem bringen, der sie sich auf seinen Morgenmantel sticken lässt. Na ja, vielleicht muss man auch den edlen, nachts im Fledermauskostüm Verbrecher jagenden Batman als westliche Ehrenrettung der kleinen Insektenfresser in Betracht ziehen.

Der einzig wirklich stichhaltige Vorwurf, den man den nächtlichen Flattertieren machen kann: In Schönheitswettbewerben haben sie einfach keine Chance. Diese riesigen Ohren, diese fratzenhaften Gesichter, diese Missgeburten von Nasen und Mündern! Dazu dieses erschreckende Gebiss aus nadelscharfen Zähnen, diese häutigen Flügel, diese kralligen Füße! So viel **Hässlichkeit** an einem Tier – noch dazu an einem Säugetier! Kein Wunder, dass sie das Tageslicht scheuen. Naturkundlich sind all diese körperlichen »Defizite« allerdings höchst interessant.

Die spitzen Zähne der winzigen Zwergfledermaus dienen dem Knacken von Insektenpanzern – nicht dem Blutsaugen.

Aus dem Leben der Fledermäuse

Neben den häutigen Flügeln ist das Merkwürdigste an Fledermäusen die Beschaffenheit ihrer **Ohren** und **Nasen**. Allerdings ist die Ausbildung dieser Sinnesorgane bei den verschiedenen Arten sehr unterschiedlich. In der größeren Gruppe der sogenannten Glattnasen gibt es viele Arten, die ziemlich »normal« aussehen: So haben etwa Abendsegler oder die kleinen Zwerg- und Rauhautfledermäuse weder unmäßig große Ohren noch besonders auffällige Nasen. Mausohr und Bechstein-Fledermaus warten dagegen mit beeindruckenden Ohren auf, eine Tendenz, die beim Braunen Langohr sich ins Überdimensionale fortsetzt. Dessen Ohren sind fast so lang wie der Körper! Die grotesk anmutende Nasen-Mund-Partie hat der Hufeinsennase ihren Namen gegeben. Tropische Fledermäuse übertreffen sie oft noch mit geradezu alptraumhaften Gesichtern.

Orientierung wie mit der Einparkhilfe

Ungewöhnliche Strukturen weisen im Tierreich fast immer auf besondere Funktionen hin. Im Fall der Fledermausohren hängt das – wie wir aus der Schule wissen – mit der besonderen Art ihrer Orientierung im Dunkeln, mit der **Echoortung** zusammen. Die Methode, Schallsignale auszusenden, um aus deren Echos sich darüber zu informieren, was es um einen herum so alles an festen und beweglichen Gegenständen gibt, ist im Tierreich weit verbreitet und wird wie in der Technik – als Radar, Echolot, Ultraschalldiagnostik, Einparkhilfe usw. – überall dort eingesetzt, wo die Sicht schlecht ist oder ganz versagt. Wale nutzen das System in trübem Wasser, einige Kleinsäuger setzen es im Dunkeln ein, und es gibt sogar einen in Höhlen lebenden Vogel, der sich ebenfalls dieser Methode bedient. Im Grunde beruht sie auf dem gleichen Prinzip wie der Autoscheinwerfer auf nächtlichen Straßen: Ein Signal wird ausgesendet und von Gegenständen reflektiert.

Im Gegensatz zum Licht des Scheinwerfers oder einer Taschenlampe hat das Navigationssystem der Fledermäuse noch den Vorteil, genaue **Entfernungen** messen zu können. Fledermäuse stoßen nämlich keinen Dauerton aus (entsprechend dem kontinuierlichen Lichtstrahl), sondern kurze Klicks in schneller Folge. Ohne groß mit Schallgeschwindigkeit, Sekunden und Metern rechnen zu müssen, können sie aus der Dauer zwischen Klick und Echo sehr genau die Entfernung eines Hindernisses oder eines fliegenden Beutetiers feststellen: Vergehen zwei Millisekunden, so ist der Gegenstand genau 3,4 m entfernt.

Neben der Entfernung ist natürlich auch die **Richtung**, in der ein Objekt steht oder sich bewegt, von Bedeutung. Befindet es sich mehr rechts oder links, mehr oben oder unten? All das stellt die Fledermaus durch winzige Zeit- und Intensitätsunterschiede fest, mit denen die Echos ihre beiden Ohren erreichen. Eine ziemlich komplizierte Sache, die eben einen ziemlich komplizierten Hörapparat erfordert. Für die Fledermaus aber nichts anderes als für unsereinen das Sehen mit einem ziemlich komplizierten Sehapparat – jeweils natürlich mit entsprechendem »Rechenzentrum«.

Übrigens können wir mit unseren »normalen« Ohren und den dazugehörigen Gehirnabteilungen auch ziemlich gut die Richtung einer Schallquelle feststellen. Trotzdem unterscheidet sich unser Hörbild der Welt doch wohl erheblich von dem der Fledermäuse. Töne über dem Quietschen einer Kreide auf der Tafel, dem Zersplittern von Glas oder dem höchsten Zwitschern eines Vogels bleiben uns verborgen. Für Fledermäuse hingegen beginnt im **Ultraschallbereich** erst das »Vergnügen«. Endet unser Gehör bei etwa 20 Kilohertz, so reichen die Ortungssignale mitteleuropäischer Fledermäuse mit 15 bis 150 Kilohertz weit in den Ultraschallbereich. Mit anderen Worten: Die meisten ihrer Klicks stoßen bei uns auf taube Ohren. (Glücklicherweise, möchte man sagen.) Aber wir haben ja die Technik. Die setzt uns in die Lage, den Fledermäusen hinter ihre nächtlichen Geräuschkulissen zu schauen oder zu hören. **Ultraschalldetektoren** nennt man diese inzwischen recht handlichen Geräte, mit denen man auf nächtlichem Posten nicht nur feststellen kann, *dass* da eine Fledermaus herumfliegt, sondern auch *was* für eine. Denn die Ortungsgeräusche der verschiedenen Arten unterscheiden sich wie die Gesänge der verschiedenen Vogelarten. Ob Fledermäuse so hoch zirpen, nur um unseren Schlaf nicht zu stören? Nach allem, was wir von der Evolution wissen, kann man diese Vermutung wohl ausschließen – schließlich zirpten sie schon längst, bevor es überhaupt Menschen gab. Der Grund ist wieder einmal rein nützlicher Natur. Je höher die Töne, desto kürzer die zugehörigen Schallwellen. Obwohl solch kurzwellige Töne längst nicht so weit tragen wie langwellige

(tiefe), haben sie den für Fledermäuse viel wichtigeren Vorteil, auch kleine Gegenstände präzise »abzubilden«. Die Ortungsrufe der Zwergfledermaus mit etwa 50 Kilohertz haben eine Wellenlänge von knapp 7 mm. Damit erzeugen auch noch Beuteinsekten von der Größe einer Fliege scharfe Echos. Aus dem gleichen Grund verwenden Ärzte Ultraschallgeräte, um unser Inneres möglichst scharf abzubilden.

Der hufeisenförmige Nasenaufsatz der **Hufeisennasen** hängt übrigens – wie wir schon vermutet haben – ebenfalls mit der Echoortung zusammen. Tatsächlich stoßen sie nämlich ihre Rufe nicht durch den Mund sondern durch die Nase aus, und das »Hufeisen« dient – wie an den Mund gelegte Hände – zur Bündelung des Schalls. Rufer in der Nacht.

Auch die Breitflügel-Fledermaus orientiert sich mit Echoortung.

Mit einem einfachen Einklinkmechanismus hängen sich Fledermäuse kopfüber an kleinste Unebenheiten. Hier eine Kleine Hufeisennase.

Gewöhnlich kommen wir Fledermäusen aber gar nicht so nahe, als dass wir verlässliche Urteile über die Schönheit oder Hässlichkeit ihrer Gesichter abgeben könnten. In der Regel müssen wir uns mit dem Anblick mehr oder weniger rasch vorbeisausender Silhouetten am nächtlichen Himmel begnügen. Lassen sich daraus schon Rückschlüsse darauf ziehen, um welche Art es sich handelt? Nur sehr

bedingt. Zwar ist der Größenunterschied zwischen einer Zwergfledermaus von der Länge eines Daumens (5 cm) und einem doppelt so großen Abendsegler – dessen Flügelspannweite die einer Amsel übertrifft – beträchtlich, aber erstens sind solche Größenunterschiede meist nur im direkten Vergleich zu erkennen und zweitens gibt es etliche Zwischengrößen.

Nein, wer **Fledermäuse bestimmen** möchte, muss schon tiefer einsteigen. Erste Hinweise können Zeit und Ort einer Beobachtung geben. Denn die verschiedenen Arten unterscheiden sich nicht nur äußerlich, sondern auch durch ihre jeweilige »ökologische Nische«. Das heißt, sie jagen in verschiedenen **Lebensräumen**, fliegen in verschiedenen **Höhen** und kommen zu unterschiedlichen **Zeiten** aus ihren Schlafquartieren. Die Schlaf- oder Sommerquartiere und auch die Winterquartiere können ebenfalls einen Hinweis auf die Art geben. Die beste Methode zur Identifizierung jagender Fledermäuse ist aber der **Batdetektor**, mit dem man die Rufe feststellen und analysieren kann. Manche Arten lassen sich aber selbst damit nur von Spezialisten und bei gründlicher Untersuchung gefangener Exemplare unterscheiden. Fledermäuse ernähren sich fast ausschließlich von nächtlich fliegenden Insekten, vor allem von Nachtfaltern. Da viele Motten und Nachtfalter zumindest im Forst, aber auch im Obstbau als Schädlinge auftreten, muss man ihre nächtlichen Jäger als wichtige **Regulatoren** ansehen. Wenn der Mensch durch Einsatz von Insektiziden selbst versucht, die Regulation zu übernehmen, trägt er zur

Fledermäuse lieben es warm und zugfrei, besonders wenn sie Junge haben. In sogenannten »Kinderstuben« rücken Mütter und größere Junge eng zusammen. Alte Dachstühle sind sehr beliebt, aber leider auch zunehmend rar.

Vernichtung der natürlichen Regulatoren (u. a. der Fledermäuse) und bewährter Gleichgewichte bei.

Fledermäuse brauchen abwechslungsreiche **Jagdreviere**. Waldränder, stehende und fließende Gewässer, Wiesen, Gehöfte und Parks werden systematisch nach Beute abgesucht.

Unsere Häuser und Gärten können da immer nur Teillebensräume bieten. Leider steht es sowohl mit den kleinräumigen Landschaftsstrukturen als auch mit den Beuteinsekten der Fledermäuse nicht gut, sodass auch hier die schönsten Kästen nichts nützen, wenn der Lebensraum nicht stimmt.

Bauanleitung für einen Fledermauskasten

Die meisten und die am meisten gefährdeten Fledermäuse ziehen offenbar natürliche Quartiere künstlichen vor: hohle Bäume, Spechthöhlen, abstehende Rinde, Spalten in Holz oder Stein und dergleichen. Solche Verstecke zu erhalten, sollte unser Hauptbestreben sein. Wir können aber auch am Haus und im Garten eine ganze Menge für die kleinen Insektenfänger tun.

Im Fachhandel gibt eine gute Auswahl von **Holzbetonkästen für Fledermäuse**. Sie unterscheiden sich von Vogelnistkästen durch Einschlupf im unteren Teil, da die Kleinsäuger ja kein Nest bauen, sondern an der Decke hängen. Sehr beliebt bei Spaltenbewohnern wie der Zwergfledermaus sind **Flachkästen**, die man an Hauswänden oder Bäumen anbringen kann. Aber auch die **Rundkästen** erfreuen sich bei Bechstein-, Fransen- und Langohrfledermäusen großer Akzeptanz,

sofern sie in den von ihnen bevorzugten Lebensräumen aufgehängt werden: in oder nahe totholzarmen Wäldern, Parks und großen Gärten mit Baumbestand. In den Kästen mit gewölbter rauer Kuppel haben bis zu 40 Fledermäuse Platz – dicht an dicht aufgehängt wie Rauchwürste.

Flachkästen kann man aus ungehobelten und nicht imprägnierten Brettern leicht selber bauen (siehe Bauplan). Beim Aufhängen sollte man darauf achten, dass in unmittelbarer Nähe des Kastens keine Sitzgelegenheit für Katzen ist. So manche Mieze hat sich schon darauf spezialisiert, ein- und ausfliegende Fledermäuse mit einem Prankenhieb vor dem Flugloch zu erlegen. Die Kästen sollten außerdem so hoch gehängt sein, dass sie durch Menschen nicht gestört werden und einen freien Zu- und Abflug ermöglichen. Mehrere Kästen an verschiedenen Stellen anzubringen empfiehlt sich schon deshalb, weil dann die Fledermäuse den geeignetsten auswählen und bei Bedarf auch wechseln können.

Für Hausbesitzer und Hausbauer gibt es eine Reihe von speziellen Hohlsteinen für Fledermäuse, die in die Wand integriert werden können. Noch wichtiger ist es aber, bestehende Fledermausquartiere in und an Gebäuden bei Instandsetzungen und Umbauten zu erhalten und ihre Bewohner zu schonen. Rat kann man sich in all diesen Fragen des Fledermausschutzes rund ums Haus entweder bei seinem Architekten oder bei einer der im Anhang genannten Fledermausinstitutionen holen.

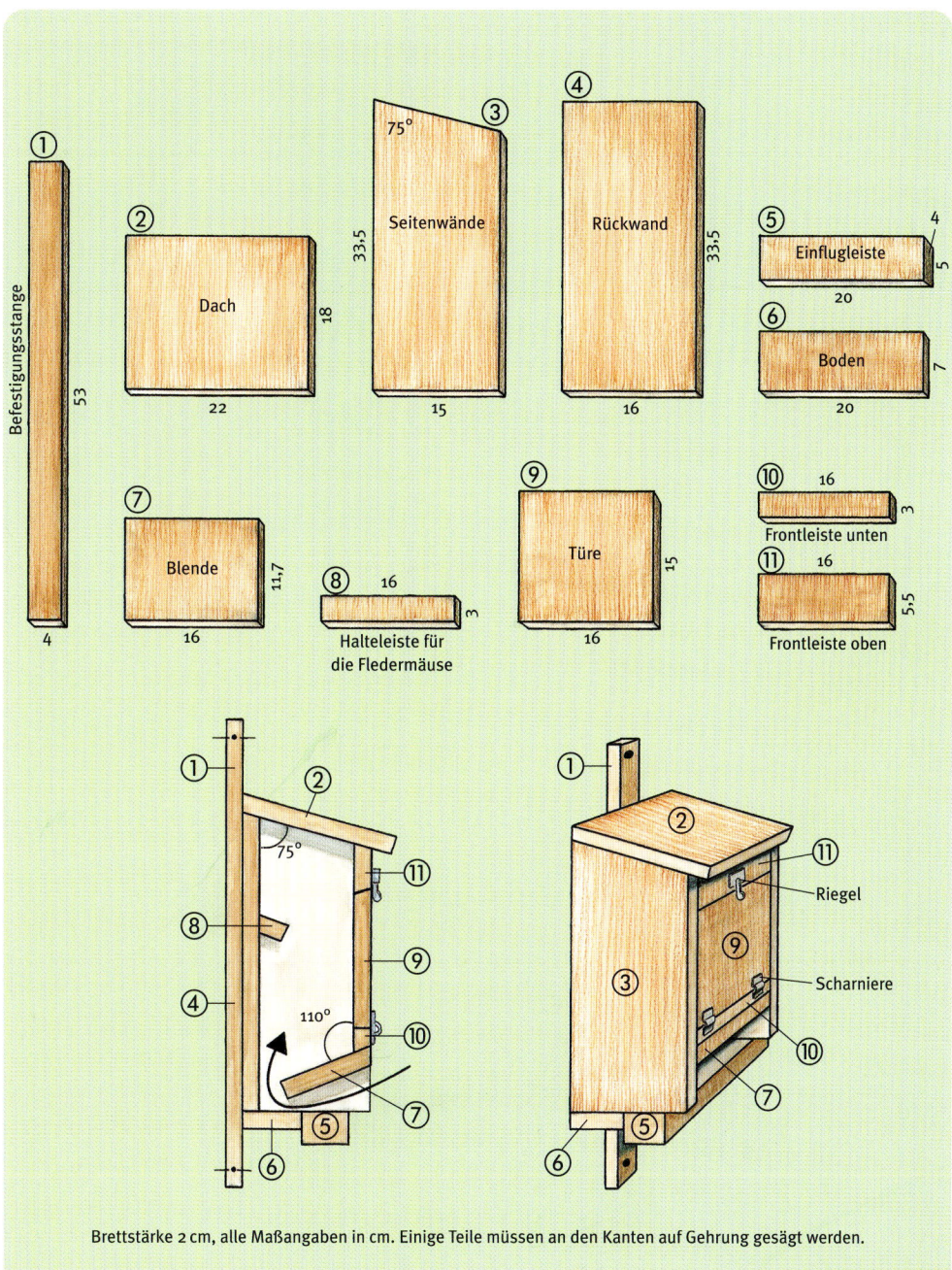

Brettstärke 2 cm, alle Maßangaben in cm. Einige Teile müssen an den Kanten auf Gehrung gesägt werden.

Im Sommer versammeln sich die Weibchen vieler Arten an trocken-warmen Orten (z. B. in hohlen Bäumen, in Dachböden, hinter Fensterläden oder Wandverschalungen) zu sogenannten **Wochenstuben**: Hier bekommen sie im Juni ihre zunächst ganz hilflosen **Jungen**, die sich am Bauch der Mutter anklammern, aber nur anfangs auf die Beuteflüge mitgenommen werden. Später werden sie im Schutz der Kolonie zurückgelassen. Störungen während dieser Zeit können noch schlimmere Folgen haben als Störungen im Winterquartier. Fledermäuse sind nicht nur sehr störanfällig, sondern auch sehr konservativ. Wochenstuben und Winterquartiere werden über Jahrzehnte, ja wohl sogar über Jahrhunderte benutzt. Zu solchen Traditionen kann es auch deswegen kommen, weil Fledermäuse bis 20 Jahre alt werden.

Die Wochenstuben lösen sich ab Mitte August auf, und es beginnen die **Wanderungen** zu den Winterquartieren, die manchmal Hunderte von Kilometern von den Sommerquartieren entfernt liegen. Wie Zugvögel und Wanderschmetterlinge überqueren auch zahlreiche Fledermäuse zweimal im Jahr die Alpen. Den **Winter** verbringen die meisten Arten in frostfreien Höhlen oder Stollen mit hoher Luftfeuchtigkeit. Hier hängen Männchen, Weibchen und Junge des Jahres gemeinsam und oft dicht gedrängt an der Decke und verschlafen in einer energiesparenden Körperstarre die schlechte Jahreszeit. Störungen können auch hier verheerende Auswirkungen zeitigen. Nur wenige unserer Fledermäuse verbringen den Winter allein oder zu kleinen Gruppen in Baumhöhlen und ähnlichem.

Mit dem Daumennagel können manche Fledermausarten auch etwas klettern. Hier ein Großes Mausohr.

Die häufigeren Fledermausarten und ihr Vorkommen

SQ = Sommerquartier, WQ = Winterquartier

(Großes) Mausohr (*Myotis myotis*) Fängt Bodeninsekten (Käfer) in lichten Wäldern oder auf gemähten Wiesen. SQ: großräumige Dachböden, Wochenstuben mit bis zu 500 Weibchen; WQ: Höhlen und Keller.

Fransenfledermaus (*Myotis nattereri*) Jagt dicht an der Vegetation in Wäldern und Obstgärten, oft auch in Ställen. SQ: Weibchen mit Jungen in Baumhöhlen und Dachböden, gelegentlich in Hohlblocksteinen von Scheunen oder Kuhställen.

Kleine Bartfledermaus (*Myotis mystacinus*) Jagt in einigem Abstand an Gewässern und

Die natürlichen Sommer- und Winterquartiere der meisten Feldermäuse sind Baum- und Felshöhlen. Hier ein Abendsegler.

Winzig sind die Zwergfledermaus und die nah verwandte Mückenfledermaus. Beide wählen gerne Hausverschalungen als Sommerquartier.

Waldrändern, in Parks und reich strukturierten dörflichen Landschaften. SQ: hinter Fensterläden; WQ: in unterirdischen Räumen. **Wasserfledermaus** (*Myotis daubentoni*) Jagt in niedrigem Flug über Gewässern und fängt mit den Füßen sogar Insekten von der Wasseroberfläche. SQ: Baumhöhlen und gelegentlich Gebäudespalten; WQ: Höhlen und Keller. **Breitflügel-Fledermaus** (*Eptesicus serotinuas*) Groß, mit breiten runden Flügeln; Spannweite etwa wie Amsel. Jagt in Wäldern, Parks und Gärten. SQ: in Dachböden und Gebäudespalten; WQ: Höhlen und Keller. **Abendsegler** (*Nyctalus noctula*) Groß, mit langen schmalen Flügeln; Spannweite etwas größer als Amsel. Ortungslaute vergleichsweise lang (10–20 ms) und tief (um 20 Kilohertz). Fliegt früh aus und jagt 10–50 m hoch über

Wäldern, Gewässern, Feldern und in Siedlungen. SQ: Baumhöhlen; WQ: Baumhöhlen, Autobahnbrücken, Dachverschalungen. Im Herbst kommen Nordosteuropäer zu uns. **Zwergfledermaus/Mückenfledermaus** (*Pipistrellus pipistrellus/pygmaeus*) Sehr klein; Spannweite etwa wie Blaumeise. Jagen häufig im Siedlungsbereich, gern auch an Straßenlampen. SQ: unter Dachverschalungen, hinter Fensterläden, in Mauerritzen; WQ: Junge verfliegen sich im Herbst gelegentlich in Wohnungen, auch zu mehreren. **Braunes Langohr** (*Plecotus austriacus*) Mit riesigen Ohren. Sucht in langsamem Schmetterlingsflug in Wäldern und Gärten das Blattwerk ab. SQ: Baumhöhlen, Nistkästen, auch in Dachböden und Gebäudespalten; WQ: unterirdische Räume.

Schutz den Fledermäusen!

In Mitteleuropa kommen etwas über 20 Fledermausarten vor. Inzwischen wohl allgemein bekannt ist die Tatsache, dass alle unsere Fledermausarten in ihrem Bestand bedroht sind, viele sogar in höchstem Maße. Auch wer gefühlsmäßig nicht viel für die kleinen Batmans übrig hat, sollte sich im Klaren sein: Wer heute eine Fledermaus oder gar eine ganze Kolonie von Fledermäusen unter seinem Dach beherbergt, der trägt noch mehr Verantwortung als der Bauer, der eine Orchideenwiese besitzt, oder der Eigentümer eines denkmalgeschützten Hauses.

Wie können wir diesen interessanten und immer seltener werdenden Tieren im Garten helfen? Zunächst auch wieder durch **mehr Natur** insgesamt – womit besonders die Nahrungsgrundlage für ihre Existenz verbessert werden kann. Eine der wichtigsten Hilfsmaßnahmen darüber hinaus ist die **Erhaltung bestehender Wochenstuben, Einzel- und Winterquartiere**. Gerade wegen der festen Bindung an gewohnte Quartiere kann deren Zerstörung zur Vernichtung einer ganzen Kolonie führen. Hausreparaturen sollten da, wo Fledermäuse im Sommer gefunden werden, unbedingt auf den Winter verschoben werden (und umgekehrt) – wobei auch später dauerhafte Veränderungen vermieden werden sollten.

Wenn die Gefahr besteht, dass ein Schlafplatz oder eine Wochenstube vernichtet oder auch nur gestört werden könnte, sollte man grundsätzlich die Naturschutzbehörde oder einen Naturschutzverein benachrichtigen. In vielen Regionen gibt es geschulte Fledermausspezialisten, an die man sich mit Fragen wenden kann. Ihre Adressen erfahren Sie von Ihren regionalen Naturschutzverbänden oder Naturschutzbehörden, einige stehen im Anhang. Oft ist – falls sich die Störung nicht vermeiden lässt – eine **Umquartierung** möglich. Schließlich kann man zur Verbesserung des Wohnungsangebotes dafür sorgen, dass warme, zugfreie **Dachböden** sowie **Wandverschalungen** durch kleine Schlitze (3 × 5 cm) für Fledermäuse zugänglich werden. Auch zu **Kellerräumen**, die sich als Winterquartier eignen, sollte ein Zugang freigehalten oder geschaffen werden. Wo es keine solchen Möglichkeiten gibt, kann man auch Fledermauskästen oder Fledermausbretter aufhängen (siehe Abbildung) – die freilich für größere Kolonien ungeeignet sind.

Fledermaus gefunden – was tun?

Zwischen aufgeschichtetem Holz, hinter einem Fensterladen oder einem lockeren Brett der Verschalung stößt man gelegentlich auf eine Fledermaus. Meist handelt es sich dabei um eine Zwergfledermaus. Sofern sich die Störung nicht rückgängig machen lässt – und das Tier nicht ohnehin abfliegt – nimmt man es mit Handschuh oder Tuch vorsichtig auf und setzt es an einen geschützten Platz, von dem aus es abends starten kann. Dabei ist zu berücksichtigen, dass Fledermäuse während der Ruhe gewöhnlich an ihren Hinterbeinen hängen, also entsprechend raue Strukturen brauchen, an denen sie die Krallen ihrer Hinterbeine einhaken können.

Fledermäuse, die Sie einzeln oder in Gruppen im Dachboden, in der Scheune, im Stall oder Keller finden, sollten Sie auf jeden Fall – wo immer möglich – ganz in Ruhe lassen und dafür sorgen, dass nicht der Weg ins Freie (Kippfenster im Keller ...) versperrt wird. Müssen an solchen Stellen bauliche Veränderungen vorgenommen werden (die sich nicht verschieben lassen), benachrichtigen Sie unbedingt eine der Fledermausstellen in Ihrer Nähe oder einen der im Anhang aufgeführten Naturschutzvereine.

Schwieriger wird es, wenn man eine offensichtlich geschwächte Fledermaus entdeckt. Das kann eine sein, die eine Katze »in der Mangel« hatte, es kann sich aber auch um ein krankes Tier handeln. In solchen Fällen nehmen Sie das Tierchen behutsam mit Handschuh oder Tuch auf, stecken es in einen verschließbaren Karton (notfalls auch in ein Schraubglas, in dessen Deckel Sie ein paar Löcher geschlagen haben) und bringen den Patienten möglichst rasch zu einem Tierarzt. Den Transportbehälter kann man noch mit einem Tuch (auch Küchentuch aus Papier) ausstatten, in dem sich die Fledermaus verkriechen und festklammern kann.

Die meisten Fledermäuse verteidigen sich auch dann noch, wenn es ihnen nicht mehr besonders gut geht, das heißt, sie beißen. Und ihre spitzen Zähnchen dringen leicht in menschliche Haut ein. Dagegen schützen feste Arbeitshandschuhe oder ein Stück festen Stoffes. Notfalls kann man auch zu Handfeger und Kehrblech greifen. Der Biss einer

Verletzte Fledermäuse (wie dieser Abendsegler) lassen sich relativ leicht bis zur Genesung mit Mehlwürmern durchfüttern.

Fledermaus ist natürlich nicht mit dem eines Hundes zu vergleichen, kann aber schon schmerzhaft sein. Außerdem gelangen Bakterien in die Wunde, in Ausnahmefällen kann auch Tollwut übertragen werden.

Relativ häufig fliegen im Spätsommer Gruppen junger Zwergfledermäuse in Wohnungen und finden nicht mehr den Weg zurück. Fliegen sie abends selbst dann nicht weg, wenn man sie ans offene Fenster oder auf den Balkon gebracht hat, sind sie bereits geschwächt und müssen erst wieder aufgepäppelt werden – am besten von einem Sachverständigen (siehe Adressen). Mit etwas Geschick kann man sie aber auch selbst wieder zu Kräften bringen, indem man ihnen frische Mehlwürmer aus der Zoohandlung oder Hackfleisch verabreicht. Nach ein bis zwei Tagen sind sie dann wieder fit.

Andere Säugetiere im Garten

Bei Gartentieren denkt man vor allem an Vögel, Schmetterlinge und vielleicht noch Frösche, Eidechsen und Igel. Pelzträger vermutet man eher im Wald oder in weiter Feldflur. Tatsächlich ist die Zahl der Kleinsäuger, die vorübergehend oder dauernd unsere Gärten bewohnen, jedoch gar nicht so gering. Mal zur unserer Freude, mal zu unserem Schrecken.

Igel und Fledermaus sind die Lieblings- beziehungsweise Vorzeigearten unter den Säugetieren der Gärten. Darüber werden oft andere **Kleinsäuger** ein wenig vernachlässigt, denen man zumindest dann und wann (wenn auch vielleicht nicht immer mit Begeisterung) im Garten begegnen kann. Und es sind gar nicht so wenige – von der Zwergspitzmaus bis zum Eichhörnchen. Je nach Lage, Größe und Beschaffenheit des Gartens kann man sogar mit dem Besuch von Rehen oder Hirschen rechnen. So klagen in unserer Gegend manche Gartenbesitzer über Rehe, die ihnen im Winter die Rosen abfressen. In den Städten machen sich Füchse, Dachse und Wildschweine breit, da und dort auch Waschbären. Kaninchen können besonders in Gegenden mit sandigen Böden zur Plage werden; und selbst die Spezialisten weiter Fluren, die Feldhasen, dringen verschiedentlich in Gärten ein und können im Winter an Obstbäumen Schäden anrichten.

Von den rund 100 in Mitteleuropa wild lebenden Säugetierarten scheiden bestimmte Arten schon grundsätzlich als Gartenbewohner oder auch nur als Gartengäste aus. Man denke nur an Wale und Robben. Wenn man es recht betrachtet, gibt es aber nur wenige, die nicht irgendwann und irgendwo doch einmal in einem Garten auftauchen können. Zu diesen wenigen gehören vor allem Lebensraumspezialisten wie Steinböcke und Gämsen oder besonders scheue Tiere wie Luchs und Wildkatze. Aber selbst Raritäten wie Bär und Wolf zeigen manchmal wenig Scheu vor menschlicher Nähe, besonders dann, wenn es da nahrhafter ist als im finsteren Forst.

Kaninchen sind erstaunlich anpassungsfähig und besiedeln auch so manche Stadt. Gärten statten sie aber wohl meist nur nachts einen Besuch ab.

Doch genug mit den Unwahrscheinlichkeiten. Die Zahl der eher unspektakulären, meist kleinen und meist nächtlichen Besucher oder auch Bewohner unserer Gärten ist groß genug. Viele von ihnen werde ich nur am Rand erwähnen, da sie entweder selten, selten zu sehen oder schwer zu bestimmen sind.

Die kleinen Spitzer

Beginnen wir mit den kleinsten, den **Spitz-mäusen**. Im Gegensatz zu den Wühl- und Langschwanzmäusen, die ja hauptsächlich Vegetarier sind, ernähren sich Spitzmäuse fast ausschließlich von allerlei Kleingetier. Entsprechend besitzen sie keine Nagezähne wie die Nager, sondern ein Gebiss spitzer Zähnchen, bestens geeignet, harte Käfer, Heuschrecken und andere Chitinträger zu fangen und zu zerlegen. Mit Maulwurf und Igel zählt man sie daher zu den Insektenfressern – die mit den echten Mäusen allenfalls Gestalt und Namen gemeinsam haben.

Rund zehn Spitzmausarten leben in Europa, davon sechs in Mitteleuropa. Außer der Al-penspitzmaus können alle auch einmal Gär-ten aufsuchen, am häufigsten wohl **Zwerg-spitzmaus** (*Sorex minutus*), **Gartenspitzmaus** (*Crocidura suaveolens*) und **Hausspitzmaus** (*Crocidura russula*). Besonders die letzten beiden Arten kommen ziemlich regelmäßig in Gärten, ja haben ihren Lebensraum weitge-hend in die Siedlungen verlegt.

Über das Leben der Spitzmäuse weiß man er-staunlich wenig. Erstaunlich deswegen, weil es sich hier ja immerhin um Säugetiere in un-

Spitzmäuse sind klein und leben versteckt. Die Arten sind nicht leicht zu unterscheiden. Dies hier ist eine Gartenspitzmaus.

serem unmittelbaren Umfeld handelt. Ver-ständlich andererseits, weil Spitzmäuse nir-gends häufig sind und durch Insektizide und sicher auch durch Katzen arg dezimiert wur-den. Hinzu kommt, dass Spitzmäuse – obwohl immer wieder auch tagsüber aktiv – überwie-gend nächtlich und sehr versteckt in dichter Vegetation ihren Geschäften nachgehen. Mit anderen Worten: Man bekommt sie selten zu Gesicht, am ehesten noch in den Schächten von Kellerfenstern. Da sind sie dann aller-dings meist auch schon tot. Im Winter ziehen sich Spitzmäuse gern freiwillig in menschliche Gebäude zurück, verstecken sich dann aber so gekonnt, dass man wieder nur geringe Chancen hat, Einblicke ins Leben dieser Winz-linge zu tun.

Die Hausspitzmaus lebt keineswegs ständig in Häusern, sucht aber gern im Winter Schutz in Kellern, wo es Spinnen und Asseln gibt.

Eine ausgewachsene Zwergspitzmaus misst tatsächlich nur 4–6 cm, hinzu kommt ein an der Spitze etwas länger behaarter Schwanz von 3–5 cm. Garten- und Hausspitzmäuse erreichen immerhin eine Körperlänge von 8–9 cm. Die enorm in die Länge gezogene Nase/Schnauze der Spitzmäuse deutet ebenso wie die langen Barthaare und die kleinen Augen darauf hin, dass diese kleinen »Raubtiere« andere Sinnesorgane auf ihren Jagdzügen einsetzen als Fuchs und Luchs. Auch ihre Ohren spielen offenbar keine überragende Rolle in der Wahrnehmung ihrer Welt: Bei vielen Arten sind die kleinen Ohrmuscheln ganz im Fell versteckt. Allerdings verfügen sie wie Wale und Fledermäuse über die bei Säugetieren seltene Fähigkeit der **Echoortung**. Das Echo hoher Quietschtöne dient ihnen zumindest dazu, Hindernisse zu erkennen. Ob es auch zum Aufspüren von Beute eingesetzt wird, ist nicht bekannt.

Da Spitzmäuse »Schädlinge« aller Art vertilgen und sich nicht an Getreide, Käse oder Zierblumen des Menschen vergreifen, standen sie auch nie auf unserer »Abschussliste«, gehören sogar zu den **Nützlingen** – wenn auch zu den wenig bekannten. Als Kuscheltiere – wie die echten Mäuse – sind sie offenbar (noch) nicht gefragt, was insofern bedauerlich ist, als dadurch eine Chance entfällt, mehr über das Intimleben dieser weithin unerforschten Mitbewohner unserer Gärten zu erfahren. Diese Unbeliebtheit hängt möglicherweise nicht nur mit ihrem spitzen Gesicht, sondern mehr noch mit der Tatsache zusammen, dass zumindest die Männchen über **Duftdrüsen** verfügen, deren Sekret sich zur Reviermarkierung offenbar bestens eignet, vielleicht auch ihren Weibchen verlockend erscheint, für menschliche Nasen aber wenig erbaulich ist. In China allerdings soll es eine Art geben, deren Quietschen sich wie das chinesische Wort für Geld anhört. Und – wen wundert's – diese Spitzmaus wird dort hoch geehrt.

Zum Thema Wissenschaft und Diktatur wäre vielleicht noch folgende Nachricht von Interesse: Im Jahr 1942 schlugen deutsche Biologen vor, die irreführende Bezeichnung Spitzmäuse durch den alten Namen *Spitzer* zu ersetzen. Als Hitler davon aus der Zeitung erfuhr, soll er einen seiner berüchtigten Wutanfälle bekommen und gedroht haben, er werde jeden, der diese Umbenennung benutze, ins Arbeitslager schicken.

Glücklicherweise hat er nicht verlangt, Spitzer und Mäuse auch systematisch zu vereinen, sodass auch wir uns zunächst nicht mit den

Mäusen, sondern mit einem ihrer näheren Verwandten befassen wollen, mit dem Herrn der pauschal nach ihm benannten und von Freunden samtglatter Rasenflächen gar nicht geliebten Maulwurfshaufen.

Lichtscheue Gesellen

Die den Biologen so wichtige Unterscheidung zwischen »Spitzern« und Mäusen zieht nicht nur oberirdisch, sondern auch unterirdisch eine dem Laien wenig einleuchtende Grenze. Da dies ein immer wiederkehrendes Streitobjekt darstellt, sei hier ein kurzer **Exkurs** erlaubt:

Der Biologe unterscheidet sich vom Laien bekanntlich dadurch, dass er sich, aufgrund bitterer Erfahrungen, ungern mit dem Schein oberflächlicher Ähnlichkeiten zufriedengibt, sondern gern tiefer schaut. In diesem Fall ins Maul, in dem – wie wir bereits erfuhren – die Form der Zähne messerscharfe Rückschlüsse auf die Ernährungsgewohnheiten der betreffenden Spezies zulässt. Wobei sich der Laie wiederum fragen mag, warum denn Ernährungsgewohnheiten und Gebisse bessere Maßstäbe für Verwandtschaften sein sollen als unterirdische Lebensweise und die Produktion von Erdhaufen. Glücklicherweise entscheidet heute der »genetische Fingerabdruck« derlei unfruchtbare Dispute – selbstverständlich stets zugunsten des Biologen.

So fotogen schaut der Maulwurf selten aus seinen Katakomben. Als Kleintierfresser ist er im Garten eher nützlich – wenn seine Haufen nicht wären.

Werfen wir also zunächst einen Blick auf den mit Spitzmäusen verwandtschaftlich verbundenen **Maulwurf** (*Talpa europaea*). Erstaunlicherweise ist dies auch ein Blick in unsere eigene Vergangenheit. Denn, wie wir schon sagten, gehört die Familie der Maulwürfe mit Igeln und Spitzmäusen zur Ordnung der Insektenfresser. Und die sind die urtümlichsten heute noch lebenden Vertreter der höheren Säugetiere, die bereits in der Kreidezeit – also vor rund 100 Millionen Jahren – lebten und als Vorfahren aller höheren Säuger gelten. So verschieden sie äußerlich aussehen, so charakteristisch sind doch einige ihrer Merkmale: Alle haben eine mehr oder weniger ausgeprägte rüsselförmige Schnauze, alle haben fünf Zehen an den Vorder- und Hinterfüßen (während die meisten Mäuse nur vier Finger vorweisen können), und alle haben Zähne mit scharfen Spitzen, aber weder Nage- noch Reißzähne.

So viel also zu unseren Ahnen. Dass einer ihrer Vertreter noch leibhaftig seine Gänge

Wühlmäuse sind Pflanzenfresser. Durch das Benagen von Wurzeln werden sie dem Gärtner noch unsympathischer als durch ihre Erdhaufen.

unter unseren Füßen gräbt, gewissermaßen im Urgrunde west – wir sollten es als Symbol und Hinweis nehmen, auch jene zu achten und zu schätzen, die im Dunkeln unter unserm Rasen leben.

Doch wenden wir uns den Fakten zu. Bei einem Gewicht von 65–120 g misst der Körper des Maulwurfs 13–15 cm, sein Schwanz nur 2–3 cm. Die Schnauze ist rüsselartig zugespitzt, die Vorderbeine sind zu kräftigen Grabschaufeln mit langen platten Nägeln umgebildet, die Augen haben nur die Größe eines Stecknadelkopfes, und die Ohrmuscheln verschwinden im dichten, fast schwarzen (manchmal hellen) Fell. Der Körper des Maulwurfs ist walzenförmig, ohne erkennbaren Absatz zwischen Kopf und Rumpf und damit bestens für die grabende Lebensweise im Boden geeignet. Unser Maulwurf ist in den verschiedensten Lebensräumen und Böden zu Hause, meidet nur reinen Sand; im Gebirge findet man ihn in Höhen bis 2000 m.

Die selbst gegrabenen **Erdgänge**, in denen er die meiste Zeit seines Lebens verbringt, weisen einen querovalen Querschnitt auf. Darin unterscheiden sie sich von den hochovalen bis runden Gängen der Schermaus. Auch an den aufgeworfenen Erdhaufen kann man die beiden Wühler unterscheiden: Die des Maulwurfs sind in der Regel deutlich feinkrümeliger als die grobschollligen der Schermaus. Gar nicht so selten – wenn auch meist nachts – kommen Maulwürfe an die Oberfläche, überqueren dabei auch Wege und Straßen; außerdem klettern und schwimmen sie gut und freiwillig. Beim Laufen setzen sie für jeden Schritt der Hinterfüße die Vorderfüße zweimal auf.

Als **Winterquartier** gräbt sich der Einzelgänger ein Nest in 40–50 cm Tiefe; man erkennt es an dem großen Erdhaufen darüber. Von diesem Nestraum geht ein System von verzweigten Gängen aus, das ihm auch im Winter die Jagd auf Bodentiere gestattet. Denn dies ist ein weiterer Unterschied zur Wühlmaus: Maulwürfe ernähren sich ausschließlich von Regenwürmern, Insekten und Insektenlarven, Schnecken und anderem Kleingetier. Davon verzehrt das Tier täglich eine Menge, die fast seinem halben Körpergewicht entspricht. An Pflanzenwurzeln vergreift er sich niemals. Im März/April suchen sich die Geschlechter, und nach einer Tragzeit von vier bis sechs Wochen baut das Weibchen ein unterirdisches Nest aus trockenem Laub und Gras und wirft drei bis sechs **Junge**.

Im Garten kann der Maulwurf zwar durch seine Wühlerei und besonders durch seine Erdhaufen lästig werden, im Übrigen macht er sich aber durch die Vertilgung von Maulwurfsgrillen, Erdschnakenlarven und anderen Wurzelschädlingen sowie Schnecken durchaus nützlich. Außerdem sorgt er für die Durchmischung der Bodenschichten.

Ganz anders der zweite Untergrundkämpfer im Garten, die bereits erwähnte **Schermaus** (*Arvicola terrestris*), auch Große Wühlmaus genannt. Wie man Maulwurf und Wühlmaus an der Form ihrer Gänge und an der Krümelgröße ihrer Haufen unterscheiden kann, wurde schon gesagt. Die in Mitteleuropa lebenden, sogenannten Ostschermäuse bringen 80–180 g auf die Waage, während die in Westeuropa verbreitete Westschermaus mit 150–280 g das Gewicht einer kleinen Ratte erreicht. Unsere Schermäuse werden bis 20 cm lang und besitzen einen Schwanz von etwa halber Körperlänge. Im Gegensatz zum schwarzen Maulwurf tragen Schermäuse ein braunes Kleid.

Die Ufer von Gräben, Flüssen und Seen sind bevorzugter **Lebensraum** der Schermaus. Im Wasser ist sie zu Hause wie der Bisam, lebt aber im Gegensatz zu diesem auch fernab von Wasser – wie mancher Gartenfreund aus betrüblicher Erfahrung weiß. Denn was junge Obstbäume zum Verdorren und ganze Beetpflanzen zum Verschwinden bringt, das ist der Appetit der Schermaus auf unter- und auch oberirdisches Grün. Ihr Nest bauen die Schermäuse ähnlich wie der Maulwurf in einer Kammer unter einem großen aufgeworfenen Erdhaufen. Glücklicherweise ziehen beide

Wühler für Fortpflanzung und Überwinterung freie Felder und Wiesen den Gärten vor. Schermäuse können recht fruchtbar sein: drei- bis fünfmal im Jahr werfen die Weibchen vier bis sechs **Junge**.

Mäuse mit kurzen und langen Schwänzen

Ich möchte aber auch die wirklichen Mäuse nicht unter den Tisch fallen lassen – auch wenn nur wenige die hübschen und possierlichen Tiere zu schätzen wissen. Zunächst wären da einige Verwandte der Schermaus, Wühlmäuse wie diese und immer erkennbar an ihrem kurzen Schwanz. Ansonsten sehen sie sich recht ähnlich: die **Feldmaus** (*Microtus arvalis*) und die von ihr kaum zu unterscheidende **Erdmaus** (*Microtus agrestis*), beide unscheinbar erdfarben, und schließlich die **Waldwühlmaus** (*Clethrionomys glareolus*), die wegen ihres rotbraunen Fells auch Rötelmaus genannt wird. Vor allem die Rötelmaus zeigt in ihrer Lebensweise wenig Ähnlichkeit mit den wirklichen Wühlmäusen. Sie ist viel oberirdisch und tagsüber aktiv, läuft schnell, klettert und schwimmt gut. Außerdem ist sie wenig scheu und kommt öfter in Gebäude. Feld- und Erdmaus hingegen leben eher auf Wiesen und Weiden, wo man besonders im Nachwinter ihre Gänge im Gras oder dicht unter der Oberfläche entdeckt.

Nicht nur am langen Schwanz, sondern auch an der spitzen Schnauze, den größeren Augen und den weit aus dem Fell hervorragenden Ohren erkennt man die Echten oder **Lang-**

schwanzmäuse. Große Vielfalt ist hier geboten, von der winzigen **Zwergmaus** (*Micromys
minutus*) mit einer Körperlänge von nur
6–7 cm und einem Gewicht von weniger als
9 g bis hin zur **Wanderratte** (*Rattus norvegi-
cus*), die mit bis zu 500 g und einer Länge von
über 25 cm ein echtes Schwergewicht darstellt. Am bekanntesten ist natürlich die
Hausmaus (*Mus musculus*), die im Gegensatz
zu ihren nahen Verwandten gern auch im
Sommer in Gebäuden wohnt. Da aber auch
Hausmäuse während der warmen Jahreszeit
oft das Leben in freier Natur bevorzugen und
im Garten angetroffen werden können, ist es
gar nicht so leicht, eine Gartenmaus richtig zu
bestimmen. Vor allem die schon erwähnte
Zwergmaus und die mehr in Wäldern lebende
Waldmaus (*Sylvaemus sylvaticus*) sowie die
ähnliche **Gelbhalsmaus** (*Sylvaemus flavi-
collis*) zeigen sich immer wieder in Gärten und
im Winter auch in Gebäuden.

Langschwanzmäuse sind hübsche, lebhafte
Tiere. Nicht umsonst erfreuen sie sich als
Heimtiere großer Beliebtheit, besonders bei
Kindern. Die im Zoohandel erhältlichen
Mäuse sind meist Abkömmlinge der Hausmaus, und es gibt sie in allen möglichen Farbvarianten, als weiße Albinos, als Schecken
und mit tief schwarzem Fell. Die Tiere werden
sehr zahm. Kinder können viel über die
Grundzüge des Lebens lernen, wenn sie erleben, wie ihre Mäuse Nester bauen, Junge auf-
ziehen und durch ihr Verhalten und ihre Lebensweise demonstrieren, warum Mäuse und
Ratten auf der ganzen Welt so erfolgreich
sind.

Was klettert denn da?

Wenn Spitzmäuse (die keine Mäuse sind) gewissermaßen die Brücke zu den echten Mäusen schlagen, so ermöglicht uns die niedliche
Haselmaus (*Muscardinus avellanarius*) einen
eleganten Übergang von den mehr bodenge-
bundenen Mäusen zu den Schlafmäusen oder
Bilchen, den mit buschigem Schwanz im
Geäst kletternden Nagern.
Sie ist ein pummeliges Tierchen in orange-
braunem Kleid, kaum größer als eine Hausmaus, aber mit größeren Augen, kleineren

Die Feldmaus legt ihre Gänge dicht unter der Oberfläche an. Von ihrer Produktivität leben Reiher,
Bussarde, Falken, Eulen, Hermeline u. a.

Allerliebst schauen Zwergmäuse aus dem Pelz. Sie sind wenig scheu und bauen im Gras und Geäst Nester mit seitlichem Eingang.

Ohren und einem dicht behaarten Schwanz. Im Gegensatz zu ihren größeren Verwandten tummelt sich die kleine Haselmaus manchmal auch tagsüber im Gezweig und ergötzt mit ihren schwarzen Puppenaugen und ihrer molligen Gestalt jeden, der das Glück hat, sie zu beobachten.

Sofern sie als **Schlafstelle** nicht einen Nistkasten bezieht, baut sie auf Augenhöhe im Gebüsch ihr kugelrundes Nest aus Moos und Laub, das sie außen mit dürren Grashalmen umwickelt. Wenn man sie da stört, wirkt sie gar nicht scheu, ergreift jedenfalls nie hektisch die Flucht, sondern verdrückt sich eher langsam und wie beleidigt im laubtragenden Geäst. Ihre großen Augen verraten aber, dass sie doch wohl lieber nachts und in der Dämmerung unterwegs ist. Da sammelt sie dann alles, was man so zum Leben braucht: Beeren, Knospen, Samen, ab und zu eine schlaftrunkene Heuschrecke und natürlich Bucheckern und Haselnüsse.

Haselmäuse sind längst nicht so fruchtbar wie die echten Mäuse. Das Weibchen wirft zweimal im Jahr nur drei bis fünf **Junge**, betreut sie aber bemerkenswert lang, nämlich rund 40 Tage. Als Kinderstube dient ein etwas größer gebautes Nest. Mit Recht zählt der wendige Kletterer zu den Schlafmäusen, denn anders als die echten Mäuse, die auch im Winter

Durch ihre ruhigere Wesensart und ihren pelzigen Schwanz wirken Haselmäuse gar nicht »mausig« – sie gehören zu den Schläfern.

Siebenschläfer sind wirklich nette Kerle. Allerdings poltern sie zur Paarungszeit ziemlich laut in Dachböden.

aktiv sind, halten Haselmäuse von Ende Oktober bis Mai einen regelrechten **Winterschlaf**. Dazu verziehen sie sich in Baumstümpfe oder Erdhöhlen, in denen sie sich ein mollig warmes Nest bauen.

Viel bekannter ist ein grauer, unterseits weißer Bilch, der **Siebenschläfer** (*Glis glis*). Sein Bekanntheitsgrad beruht auf der Tatsache, dass viele von ihnen Landhäuser als ganzjähriges, wettergeschütztes und manchmal sogar nahrhaftes Quartier entdeckt haben. Dagegen wäre ja nichts einzuwenden, wenn die geselligen Tierchen nicht durch unziemliches Gepol-

ter, Quietschen und Knurren schon so manchen der rechtmäßigen Bewohner verschreckt oder verärgert hätten. Ihr natürlicher Lebensraum sind aber nicht Dachböden und Holzverschalungen, sondern Laubwälder, Parks und Obstgärten.

Mit einer Körperlänge von nahezu 20 cm und seinem nochmal 10–15 cm langen, sehr buschigen Schwanz wirkt ein Siebenschläfer schon fast wie ein kleines Eichhörnchen. Seine schwarzen, ziemlich vorstehenden Knopfaugen sind von dunklen »Lidschatten« umgeben, ein Modetrend, der sich bei seinen kleineren Vettern noch verstärkt. Im Gegensatz zu diesen – dem **Gartenschläfer** (*Eliomys quercinus*) und dem aus Südosteuropa nur bis Bayern vorgedrungenen **Baumschläfer** (*Dryomys nitedula*) – kann man den Siebenschläfer auch schon mal tagsüber im Geäst oder an einer Hauswand herumturnen sehen. Die **Nahrung** der Schlafmäuse besteht in Sommer aus allerlei Vegetabilien, die bei Gelegenheit durch ein Insekt oder einen nackten Nesthocker ergänzt werden. Im Herbst gilt es Fettreserven für den Winter anzulegen, da sind ölhaltige Bucheckern, Nüsse und Eicheln gefragt. Alle drei Arten halten dann einen ausgiebigen **Winterschlaf**. Der dauert beim Siebenschläfer sogar deutlich länger als die sieben Monate seines Namens. Mindestens acht Monate des Jahres verpennt er von Anfang September bis Ende April in einem warmen Versteck und eingewickelt in seinen buschigen Schwanz.

Tagaktive Tiere wie das **Eichhörnchen** (*Sciurus vulgaris*) erfreuen sich natürlich eines weitaus größeren Bekanntheitsgrades, als die, die ihre akrobatischen Fähigkeiten unter den Scheffel der Nacht stellen. Und sie genießen große Beliebtheit bei Jung und Alt, diese hurtigen Kletterer und zutraulichen Bettler. Ja, hübsch und anmutig sind sie, die Freunde einsamer Parkbesucher, und ihr Klettern und Springen in den höchsten Bäumen wirkt derart leichtfüßig, dass man vor Neid erblassen könnte.

Die munteren Baumkletterer gibt es in verschiedenen Farbtönen. Wenn sie von der Nussdiät auf Vogeljunge umsteigen, sind sie weniger beliebt.

Wer allerdings meint, diese grazilen Nager würden ausschließlich von Haselnüssen und dergleichen leben, der hat wohl noch nie das Zetergeschrei einer Amselmutter zum Anlass genommen, einen der gar nicht so seltenen Raubüberfälle zu beobachten, die zeigen, dass die possierlichen Kerlchen mit dem Puschelschwanz Eier und Vogelküken auf ihrer Speisekarte durchaus zu schätzen wissen. Verurteilen wollen wir die Hörnchen deswegen aber nicht. Schließlich besteht doch das ganze Leben aus Nehmen und Geben.

Die Gestalt des kleinen Nagers mit dem buschigen Schwanz und den Haarbüschelohren dürfte allgemein bekannt sein. Verschieden sind des Eichhörnchens Farben: Das Sommerfell ist meistens lebhaft rotbraun mit hellem Bauch, das Winterfell dunkler; manche Tiere sind dunkelbraun bis schwarz. Ihr kugelförmiges Nest, das man auch als **Kobel** bezeichnet, wird hoch im Geäst aus Zweigen gebaut und

Mit Geduld und Futter werden manche Wildtiere handzahm – ein wunderbares Erlebnis von ganz anderer Qualität als erzwungene Zähmung. Dieses Eichhörnchen lässt sich mit schmackhaften Sonnenblumenkernen anlocken.

innen mit Moos, Gras und Haaren gepolstert. Nach einer Tragzeit von 38 Tagen wirft das Weibchen drei bis fünf blinde und nackte Junge. Im Alter von zwei Monaten verlassen sie das Nest und werden bald danach selbstständig. Ein Winterschlaf wird nicht gehalten, die Tiere verbringen winters aber viel Zeit in ihrem Kobel und gehen oft nur alle paar Tage auf die Suche nach **Nahrung.** Die besteht je nach Jahreszeit aus Nüssen und anderen Baumsamen, aus Beeren, Pilzen, Insekten – und Jungvögeln. Im Herbst werden kleine Vorräte im Boden verscharrt oder in Baumritzen versteckt. An den geschälten Fichtenzapfen kann man die Anwesenheit von Eichhörnchen leicht feststellen. In Parks werden sie oft zahm und nehmen Futter aus der Hand.

Jäger der Nacht

Mehr zu den Fassadenkletterern, die nachts ihr Unwesen treiben, gehört der bei Autobesitzern so »beliebte« **Steinmarder** (*Martes foina*). Zu dessen Lieblingstätigkeiten zählt bekanntlich das Zerbeißen von Bremsschläuchen und Zündkabeln. Außerdem spaziert er gern mit ungewaschenen Füßen über frisch geputzte Lacke und Windschutzscheiben. (Freilich sollte man sich die Trittsiegel gut anschauen, da sich Nachbars Mieze genauso respektlos benimmt.)

Der Marder gehört nun eindeutig nicht mehr zu den Vegetariern mit nur gelegentlichem Hunger auf Fleischliches. Er ist ein echter **Jäger,** der in den Städten so gut von schlafenden Straßentauben, von Mäusen, Ratten und Abfällen lebt, dass man ihn heute häufiger zwischen Hochhäusern als an natürlichen Felswänden antreffen kann.

Mit einer Körperlänge von bis zu 48 cm plus 20–25 cm Schwanz und einem Gewicht von 800–1200 g (Männchen schwerer als Weibchen) gehört der Steinmarder schon zu den kräftigeren Beutegreifern unserer heimischen Fauna. Hinsichtlich Größe und Gewicht steht er zwischen seinem größeren Verwandten, dem Fischotter, und seinen kleineren Cousins, dem **Hermelin** (*Mustela erminea*) und dem **Mauswiesel** (*Mustela vulgaris*). Auch diese beiden kleinen Marder besuchen gelegentlich unsere Gärten, sind aber keineswegs so zum Kulturfolger geworden wie der Steinmarder. Auch wenn sie überwiegend von Mäusen, Insekten und auch Würmern leben, so wissen Wiesel doch Vogeleier und Küken ebenfalls sehr zu schätzen. In einem Hühnerhof können alle drei Marder geradezu in einen Blutrausch verfallen – hört man jedenfalls. Da tröstet dann auch nicht die Tatsache, dass die weißen Winterfelle des Hermelins mit der schwarzen Schwanzspitze als königliche Umhänge sehr geschätzt waren – und da und dort vielleicht auch noch sind.

Schließlich könnte man aus der Sippschaft der Marder noch den **Iltis** (*Mustela putorius*) erwähnen, der gern alte, abgelegene Bauernhöfe bewohnt. Er ist aber schon so selten geworden, dass man ihn auf die Rote Liste der bedrohten Arten setzen musste. Hinsichtlich Größe und Gewicht kann er es ohne Weiteres mit dem Steinmarder aufnehmen, auch wenn er etwas kurzbeiniger wirkt. Seinen Besuch brauchen Sie in Ihrem Garten kaum zu erhoffen (oder zu befürchten). Und sollten Sie doch einmal beim Schein einer Lampe einen zu Gesicht bekommen – schätzen Sie sich glücklich. Als letzten der nächtlichen Jäger wollen wir noch einen Blick auf den **Rotfuchs** (*Vulpes vulpes*) werfen, der ja immer häufiger seinen Lebensschwerpunkt vom beutearmen flachen Land in die viel nahrhafteren Siedlungen verlagert. Über sein Aussehen brauchen wir hier nicht viele Worte zu verlieren, da ihn jedes Kind, wenn schon nicht persönlich, so doch aus Märchenbüchern oder Fernsehfilmen kennt. Gegenüber Märchen und Volksliedern sollte man jedoch einen kühlen Kopf bewahren: »Fuchs, du hast die Gans gestohlen« singt sich gut, hat aber mit der Wirklichkeit wenig zu tun. Denn weder in der Wildnis noch am Bauernhof dürfte ein Fuchs viel Glück bei der Gänsejagd haben. Er begnügt sich in aller Regel

Steinmarder (ganz oben) und Rotfuchs haben es sich in der Umgebung der Menschen bequem gemacht und viel von ihrer natürlichen Scheu verloren.

mit weniger wehrhafter Beute: Mäuse, Insekten, Würmer, ja sogar Obst und Samen – und eben zunehmend menschliche Abfälle sind das, was den modernen Rotfuchs satt macht. Darum auch: Keine Angst vor dem roten Fuchs im Garten – zumal die Tollwut in Mitteleuropa offiziell als besiegt erklärt wurde.

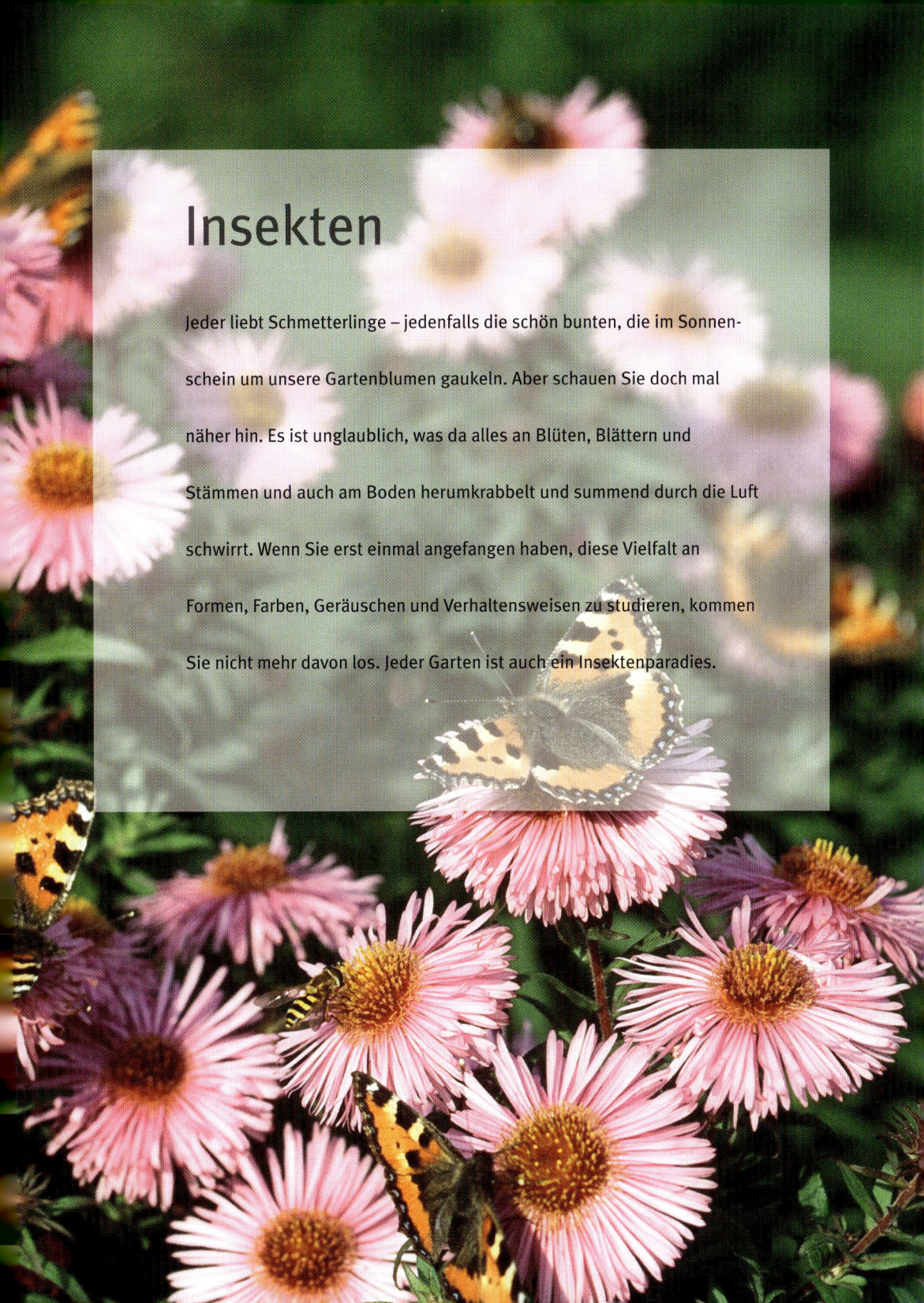

Insekten

Jeder liebt Schmetterlinge – jedenfalls die schön bunten, die im Sonnen-

schein um unsere Gartenblumen gaukeln. Aber schauen Sie doch mal

näher hin. Es ist unglaublich, was da alles an Blüten, Blättern und

Stämmen und auch am Boden herumkrabbelt und summend durch die Luft

schwirrt. Wenn Sie erst einmal angefangen haben, diese Vielfalt an

Formen, Farben, Geräuschen und Verhaltensweisen zu studieren, kommen

Sie nicht mehr davon los. Jeder Garten ist auch ein Insektenparadies.

Ein Garten, in dem es summt und brummt

Mindestens 400 Millionen Jahre gibt es sie
schon, diese Tiere mit sechs Beinen, einem
Außenskelett aus dem Wunderstoff Chitin
und in vielen Fällen mit Flügeln. Gerade in
der Flugtechnik haben es viele zu enormer
Perfektion und fantastischen Leistungen gebracht. Man denke nur an die Flugkünste
von Schwebfliegen oder Libellen und an die
Streckenleistungen unserer Wanderschmetterlinge, die denen vieler Zugvögel nicht
nachstehen.

Nahrungsgrundlage und Augenweide

Die meisten Menschen machen sich nur ganz
unzureichende oder gar keine Vorstellungen
von der überwältigenden Vielzahl, Vielfalt und

ökologischen Bedeutung der **Insekten** auf unserem Planeten. Sie sind (neben Pflanzen und
Bakterien) die eigentlichen Herrscher der Bio-
sphäre. Und was wissen wir über sie, über ihr
Leben und Wirken im Wasser, im Boden, in
der Luft, in Pflanzen und in Tieren? Herzlich
wenig.

Meist sind sie uns nur lästig, und wir schlagen und treten sie achtlos tot. Allein die
Honigbiene, die einzige zum Nutztier »erho-
bene« Insektenart, genießt eine gewisse öf-
fentliche Anerkennung und Zuneigung – und
das Wehklagen ist groß, wenn wieder einmal
die Nachricht vom Bienentod umgeht und
man die Bestäubung der Nutzpflanzen und
den Nachschub an Honig gefährdet sieht.
Wobei man regelmäßig übersieht, dass Hunderte von anderen Insektenarten sich ebenfalls am Geschäft der Bestäubung beteiligen.
Überhaupt machen wir uns selten bewusst,
welch fundamentale Rolle die Insekten im gesamten Netz des Lebens spielen. Man denke
nur an all die Vögel, die ausschließlich oder
teilweise von Insekten leben.

Und dann diese Wunder an **Schönheit**! Die
Muster und Farben von Schmetterlingsflügeln
– welch begnadeter Künstler war da am Werk.
Auch diese Metallic-Glitzerfarben mancher
Käfer und Wespen! Oder die genialen Signal-

Der Marienkäfer gehört zu unseren Lieblingen.
Andere Insekten werden weniger geschätzt – auch
weil wir ihre ökologische Bedeutung nicht kennen.

Tagpfauenauge auf Wasserdost – beides steht hoch in unserer Wertschätzung. Wir sollten aber auch an Raupe und Brennnessel denken.

farben und -muster von Blattwanzen oder Blutzikaden. Ein ganzes Leben reicht nicht, all diese Schönheiten zu studieren. Aber wir können damit ja mal anfangen – im Garten.

Schmetterlinge und ihre Raupen

Als bunte Sommervögel, als fliegende Blüten oder gaukelnde Edelsteine hat man sie besungen, diese farbenprächtigsten Vertreter der riesigen Gruppe der Insekten. In Mitteleuropa ist die **Artenzahl** mit rund 1400 Großschmetterlingen und fast 2000 Kleinschmetterlingen vergleichsweise gering, macht aber doch einen erheblichen Anteil am heimischen

Gesamtartenbestand der Tierwelt aus, was auch auf die große **ökologische Bedeutung** der Schmetterlinge hinweist.

Nur etwa 180 Arten gehören zu den Tagfaltern und Widderchen, also zu jenen Schmetterlingen, die uns durch ihre Schönheit und ihren Flug im Sonnenschein besonders am Herzen liegen. Die weit überwiegende Zahl geistert bei Nacht herum (Nachtfalter) oder zählt zu den teils sehr kleinen und oft ziemlich unscheinbaren »Motten«. Von den 180 besonders farbenprächtigen Falterarten gelten in Deutschland 90 als gefährdet, was zeigt, wie nötig Schutzmaßnahmen jeder Art sind. Auch Gartenbesitzer können dazu ihren – wenn auch bescheidenen – Beitrag liefern.

Obwohl oft schön gezeichnet, sind Schmetterlings-raupen meist nicht beliebt. Hier die Larve des Taubenschwänzchens (s. S. 138).

Wer im Garten etwas für Schmetterlinge tun will, sollte sich zunächst ein wenig mit ihren **Lebensgewohnheiten** bekanntmachen, denn auch hier geht es ja wieder darum, nicht nur den einen oder anderen Schönling kurzfristig (z. B. durch Darbietung von Futter) anzulocken, sondern grundsätzlicher für **Lebensbedingungen** zu sorgen, die nicht nur dem Falter, sondern auch seinen Vorstufen – Raupe und Puppe – Lebens- und Entwicklungsmöglichkeiten bieten.

Wie viele andere Organismen sind auch die einzelnen Schmetterlingsarten meist an spezielle Lebensbedingungen angepasst, können nur unter bestimmten Umweltbedingungen oder gar nicht existieren. Nur wenige Arten sind so unspezialisiert oder anpassungsfähig, dass man sie etwa gleichermaßen an Waldrändern, auf Wiesen und in Gärten antrifft. Auch deren **Raupen** ernähren sich dann meist nicht nur, wie viele andere, von ganz speziellen Nahrungspflanzen.

Erstaunlicherweise sind unsere **Siedlungen** mit ihren Gärten und Ruderalflächen (Schuttplätze, Kiesgruben, Gleisanlagen etc. samt ihrer Unkrautflora) zumindest potenziell nicht die schlechtesten **Schmetterlingsbiotope**. Die Brennnessel- und Disteldickichte der Ruderalplätze bieten Raupen und Faltern gleichermaßen Nahrung und Versteck, die Blumen der Gärten und faulendes Fallobst werden von vielen Faltern gerne aufgesucht, und die Gebäude selber, die sich in der Sonne aufheizen wie Felsen, werden zum Sonnen und Wärmen benutzt, dazu unsere Dachböden von manchen als Winterquartier.

Trotzdem ist die Zahl der Arten nicht sonderlich groß, die man in unserer unmittelbaren Umgebung regelmäßig antrifft. Und es sind – gewissermaßen als Kulturfolger – häufigere Arten: Tagpfauenauge und Kleiner Fuchs, Kohlweißling und Zitronenfalter, Kaisermantel und Distelfalter, Admiral (schon seltener), Taubenschwänzchen und einige Nachtfalter. Dass Dörfer und Städte mit ihrer recht großen Biotopvielfalt für die Mehrzahl der Schmetterlinge dann leider doch nicht die erhoffte Rolle spielen, liegt wohl teilweise daran, dass der

Mensch immer wieder störend eingreift, sodass weder die Vegetation (als Nahrungsgrundlage) noch das Insekt selbst über längere Entwicklungsphasen in der nötigen Ruhe und **Ungestörtheit** heranwachsen kann. Auch sind viele Biotope zu kleinflächig, als dass sich lebensfähige Populationen aufbauen könnten. Schließlich kommt als weiterer begrenzender Faktor die erhöhte Umweltbelastung in den Siedlungen hinzu. Die Falter, die sich oft in Mengen an unseren Buddleiabüschen tummeln, sind daher viel eher **Gäste** aus dem weiteren Umland als eigentliche Bewohner der Siedlungen.

Wesentliche Bedeutung als Schmetterlingsbiotope haben in der Stadt lediglich größere Parks mit altem Baumbestand und blütenreichen Wiesen oder dauerhaft unkrautreiche Ruderalflächen sowie naturnahe Gärten. Sie können ein echter Beitrag zum Schmetterlingsschutz sein.

Für die Erhaltung und den Schutz unserer Schmetterlinge können Gartenbesitzer insbesondere durch folgende **Maßnahmen** Gutes tun:

- Pflanzung einheimischer Sträucher und Bäume;
- Anlage ungedüngter, erst spät im Jahr gemähter, wildblumenreicher Wiesen;
- Duldung ungestörter Dickichte von Brennnesseln, Disteln und anderen »Unkräutern« in Gartenecken und an Zäunen;
- Anlage blühender, duftender Blumen- und Kräuterbeete.

Besonders wichtig ist, dass im Garten vollständig auf Insektizide und Herbizide verzichtet wird.

Extensiv bewirtschaftete, artenreiche **Wiesen** gehören zu den bevorzugten Lebensräumen vieler Schmetterlingsarten. Sie finden hier Raupennahrung, Schutz und Nektar. Bis vor wenigen Jahrzehnten waren viele unserer Wiesen denn auch wahre Falterparadiese. Heute sind sie das nur noch ausnahmsweise, da die Intensivierung der Landnutzung auch den Grünlandbereich erfasst hat.

Ein frisch geschlüpfter Schwalbenschwanz lässt uns staunen über die erlesene Schönheit, der wir in der Natur immer wieder begegnen.

Das Taubenschwänzchen (ein tagaktiver »Nachtfalter«) steht in schwirrendem Flug mit entrolltem Rüssel vor Blüten unserer Gärten – und wird immer wieder für einen Kolibri gehalten.

Für den **Schwalbenschwanz,** dessen Raupen auf Wilder Möhre und anderen nah verwandten Doldenblütlern leben, wurde nachgewiesen, dass Futterpflanzen aus intensiv gedüngten Wiesen in wenigen Stunden zum Tod der Raupen führen. Hinzu kommt, dass die häufige Mahd weder Raupen noch Puppen die nötige Zeit zur Entwicklung lässt. Darum sind Blumenwiesen im Naturgarten nicht nur als Augenweide, sondern auch als Lebensraum für Schmetterlinge eine große Bereicherung. Die **Wildstrauchhecke** ist einem doppelten Waldrand vergleichbar, wo viele Schmetterlingsarten des Waldes und des Freilandes ideale Lebensbedingungen finden. Büsche und Bäume bieten den Raupen zahlreicher

Arten Lebensstätte und Nahrung. Die Falter finden in den Blüten der Gehölze und im Flor der Kräuter reichlich Nektar. Hecken sind für die Falter auch als Windschutz, als Versteck vor Feinden und schlechter Witterung von Bedeutung. Darum ist die Anlage von Hecken im Garten auch für Schmetterlinge und deren Raupen ein wertvoller Beitrag.

So gewaltig die **Nahrungsmengen** sind, die die Larven der Schmetterlinge, die Raupen, aufnehmen, so gering ist bei vielen Faltern das, was sie während ihrer Flugzeit zu sich nehmen. Manche verzichten sogar ganz auf Nahrung. Grundsätzlich können alle höher entwickelten Arten mit ihren leckend-saugenden Mundwerkzeugen nur flüssige Nahrung zu sich nehmen. Sie besteht vor allem aus zuckerhaltigen Pflanzensäften, aus Nektar, Saft von verletzten Bäumen und gärenden Früchten. Durch den Besuch von Blüten, insbesondere mit engen, langen Blütenröhren, deren Nektar für andere Insekten mit kürzeren Rüsseln nicht erreichbar ist (z. B. Disteln oder Buddleja), kommt den Schmetterlingen eine besondere Bedeutung bei der **Bestäubung** zu. Auch die süßen Ausscheidungen von Blattläusen, der sogenannte Honigtau, wird aufgenommen. Häufig sieht man verschiedene Tagfalter zudem an tierischen Exkrementen und Aas. An Ufern und anderen feuchten Bodenstellen versammeln sich manchmal viele Falter, um Wasser und Mineralstoffe aufzunehmen.

Aus den Eiern schlüpfen oft schon nach wenigen Tagen die Larven, winzige Räupchen. **Schmetterlingsraupen** fressen viel und werden schnell groß. Ihre Fressleistung ist gewaltig, was besonders bei jenen Arten augenfällig wird, wo die Raupen eines Geleges oder vieler Gelege beisammenbleiben.

Zum Schutz gegen Feinde und Witterungseinflüsse spinnen sich vor allem junge und gesellig lebende Raupen oft ein oder fertigen sich aus einem zusammen gesponnenen Blatt eine Schutzhülle. Manche Arten umhüllen ganze Bäume mit ihrem **Gespinst**, so die Gespinstmotten. Größere Raupen schützen sich vielfach durch abstehende **Haare** und allerlei Schreckeinrichtungen und Verhaltensweisen vor Feinden.

Die Raupen vieler Arten leben nur von einer bestimmten Pflanzenart. Sie verhungern eher, als dass sie Ersatzfutter annähmen. Oft wer

Die meisten Menschen haben eine Scheu vor Raupen – und schon gar vor behaarten. Sie sind aber meist harmlos. Hier eine Mondvogel-Raupe.

den als Futterpflanzen nur nah verwandte Arten akzeptiert, etwa Schmetterlingsblütler von Widderchen und Bläulingen, Kreuzblütler von Weißlingen oder Gräser von Augenfaltern. Schließlich gibt es eine dritte Gruppe von Arten, die bei der Raupennahrung wenig wählerisch sind.

Die **Dauer des Raupenstadiums** hängt von der Art, von der Nahrung und von der Temperatur ab. Nur wenige Wochen benötigen die Raupen vieler Tagfalter zur Entwicklung. Über Jahre kann sie sich hinziehen bei Raupen, die von Holz oder im Hochgebirge leben. Während ihrer Entwicklung häuten sich die Raupen mehrmals. Wenn die Zeit der **Verpuppung** naht, werden die meisten Raupen unruhig und unternehmen oft längere Wanderungen, um einen geeigneten Platz für die Verpuppung zu finden.

nen aber nicht die schuppigen Flügel, sodass sie erst das Entflügeln lernen müssen. Die Raupen hingegen haben als Vogelnahrung (vor allem auch für die Jungenaufzucht) wesentliche Bedeutung – zumindest die nackten. Für die stark behaarten Raupen, etwa den Bärspinner, interessiert sich nur der Kuckuck.

Bienen, Hummeln, Wespen

Was da so alles summt und brummt im sommerlichen Garten, ist uns nur teilweise sympathisch. Obwohl nah verwandt, mögen wir Hummeln und hassen Wespen. Bienen stehen in der Beliebtheit irgendwo dazwischen. Bienen und Hummeln unterscheiden sich von Wespen durch eine fast pelzartige **Körperbehaarung**. Die hat aber nur bei der schon im frühen Jahr fliegenden Hummel mit ihrem Wärmebedürfnis zu tun, während die Behaarung der Bienen mehr mit den Nahrungsgewohnheiten ihrer Brut zusammenhängt: Während die Larven zumindest der echten Wespen mit **Fleisch** (in Form herbeigeschleppter Beute) versorgt werden, füttern Bienen und Hummeln ihre Jungen mit **Blütenpollen**. Und um dieses krümelige Material zweckmäßig sammeln zu können, tragen die »Blumenwespen« ihr Haarkleid und spezielle Sammelvorrichtungen an den Hinterbeinen, mit denen sie sich den Pollen aus dem »Pelz« kämmen. Nah verwandte **Kuckucksbienen**, die ihre Brut anderen Bienen unterschieben und daher selbst keinen Pollen sammeln müssen, sind entsprechend ziemlich haarlos.

Zitronenfalter sind erste Frühlingsboten. Sie überwintern mit einem Antifrostmittel Im Körper offen an Stängeln und Gräsern.

Obwohl die **Falter** für den Betrachter im Vordergrund stehen, spielen sie im Naturhaushalt eine viel geringere Rolle als die Raupen. Bedeutung als Bestäuber haben sie mit ihren langen, oft eingerollten Rüsseln, wie gesagt, vor allem für Pflanzen mit sehr engen, langen Blütenröhren. Kein anderes Insekt unserer Fauna erreicht den tief verborgenen Nektar solcher Blüten (z. B. vieler Korbblütler, etwa Disteln), sodass sie auf den Besuch langrüsseliger Falter zur Bestäubung angewiesen sind.

Als **Nahrungsquelle für andere Tiere**, vor allem Fledermäuse, spielen hauptsächlich dickleibige Nachtfalter eine Rolle. Vögel fressen zwar auch Tagfalter, lieben im Allgemei-

Gemeinsam mit den Wespen haben Bienen und Hummeln eine sehr unangenehme Eigenschaft: Die Legeröhre der Weibchen ist zu einem kurzen **Stachel** umgebildet, der mit einer Giftdrüse in Verbindung steht. Von der Wirksamkeit dieses Giftes konnten sich die meisten Menschen wohl schon überzeugen. Dem stehen freilich sehr positive Eigenschaften gegenüber, denn bekanntlich verdanken wir diesen fleißigen Blumenbesuchern nicht nur die Köstlichkeit des Honigs, sondern auch so manches an Obst und Gemüse. Sehr viele Pflanzenarten könnten sich ohne die Mithilfe bestäubender Insekten gar nicht fortpflanzen. Die Rolle der **Honigbiene** wird dabei freilich oft überschätzt. Immerhin gibt es in Mitteleuropa ungefähr 560 Arten von **Wildbienen** im weiteren Sinne. Zu den echten, staatenbildenden Bienen gehören neben der Honigbiene etwa 40 Arten von Hummeln und Schmarotzerhummeln. Die weitaus meisten Wildbienen leben einzeln (solitär), kennen also weder Arbeitsteilung noch die »Kaste« der kinderlosen Arbeiterinnen.

Aber auch die solitären Wildbienen zeigen hoch interessante Verhaltensweisen bei der **Brutpflege**. Sie legen ihre Kinderstuben in selbstgegrabenen Erdkammern, in hohlen Stängeln, Holz- und Mauerritzen und anderen Kleinhöhlen an. Die Eier werden meist einzeln mit einer bestimmten Menge Proviant versorgt, die Kammern danach in der Regel verschlossen. Blattschneiderbienen bilden kunstvolle »Tüten« aus Blattstücken, die sie mit Pollen und Honig füllen, bevor sie ihr Ei darauf platzieren. Mauer- und Mörtelbienen legen ihre Eier mit Proviant in hohle Stängel, kleine Löcher oder selbstgegrabene Gänge und verschließen diese mit herbeigeschlepptem Lehm.

Die Vielfalt der Blüten und ihrer Blühzeiten sichern den Bienen ganzjährige Ernte an Pollen und Nektar.

Mit durchsichtigen (verdunkelten) Röhrchen kann man die mit Pollen und Nektar gefüllten Brutkammern der Mauerbienen sichtbar machen.

Wespen füttern ihre Brut zwar mit Fleischlichem, sind aber selbst rechte Zuckerschlecker – hier an einer reifen Zwetschge.

Wir können Wildbienen und Hummeln im Garten in vielfacher Weise helfen: durch trockensonnige Sand-Lehm-Böschungen oder durch eigene **Nistvorrichtungen,** wie Bündel von geschnittenem Stroh, mit Bohrlöchern versehene Holzklötze oder durch bestimmte Dachziegel mit bleistiftdicken Hohlräumen (siehe unten). Manches davon gibt es fertig zu kaufen. Alle derartigen Einrichtungen sollten sehr sonnig und geschützt angebracht werden. Unter geeigneten Bedingungen können sich die Solitärbienen zu regelrechten Brutkolonien versammeln.

Hummeln bilden wie die Honigbiene Staaten. Die Arbeitsteilung ist bei ihnen aber nicht so weit fortgeschritten. Die überwinternden Weibchen sind noch selbst in der Lage, ein Nest zu bauen und zumindest die erste Generation mit Nahrung zu versorgen. Diese Nachkommen helfen dann später als Arbeiterinnen. In der Natur spielen die Hummeln aus zweifachem Grund eine wichtige Rolle: weil sie schon bei niedrigen Temperaturen fliegen und somit für die Bestäubung von Frühblühern wichtig sind, und weil sie mit ihrem langen Rüssel auch langröhrige Blüten besuchen, die von den kurzrüsseligen Bienen gemieden werden. Die Hälfte aller heimischen Hummelarten ist in ihrem Bestand gefährdet. Auch für die staatenbildenden Hummeln lassen sich **Brutvorrichtungen** schaffen: Für Erdhummeln gibt es spezielle Nistkästen zu kaufen, die sich aber leicht auch selber herstellen lassen: Ein etwa 30 × 30 cm großer und 20 cm hoher Holzkasten wird zur Belüftung mit einem etwa 40 cm langen Schlauchstück von mindestens 2 cm Durchmesser seitlich verbunden und flach im Boden vergraben. Das obere Schlauchende ragt etwas aus dem Boden und wird mit einem Stein in horizontale Lage gebracht, sodass kein Wasser eindringen kann. Jeder kennt und »liebt« die gelbschwarzen **Wespen,** die sich ungebeten auf Kuchenstücken und Marmeladenbroten niederlassen, die man an sonnigen Tagen bei offenem Fenster oder auf der Terrasse eigentlich zum Eigengebrauch gedacht hatte. Unangenehm wird es, wenn man so ein Tierchen in den Mund bekommt: Der Stich einer Wespe in den Rachen kann zum Ersticken führen. Nein, beliebt sind diese Tiere im Allgemeinen nicht, wenn auch mancher mit staunendem Respekt vor den schönen Kugeln aus Pappmaché steht, die bisweilen im Speicher an

Hornissen wirken furchterregend, sind aber viel weniger angriffslustig als viele Honigbienen – selbst an ihren oft riesigen Nestern.

Ihre dichte Behaarung lässt Hummeln wie nette Bärchen erscheinen. Von ihrem Stachel machen sie höchst selten Gebrauch. Hier Dunkle Erdhummel.

einem Dachbalken hängen. Die wenigsten Menschen unterscheiden die verschiedenen Wespen, selbst wenn sie schon beobachtet haben, dass manche Wespen ihr Nest im Wiesenboden bauen, während andere dafür den Dachboden oder einen Vogelnistkasten bevorzugen. Tatsächlich handelt es sich hier um zwei Arten: Die im Boden ihren Nachwuchs päppelnden Art ist im Zweifelsfall die **Deutsche Wespe**, die man zu den Kurzkopfwespen zählt, während es sich bei der unterm Dach meist um die zu den Langkopfwespen gehörende **Sächsische Wespe** handelt (die keineswegs nur in Sachsen vorkommt). Beide gehören mit den großen **Hornissen** zur Familie der Echten Wespen.

Als Wespen werden aber auch die Vertreter anderer Familien der Hautflügler (zu denen auch die Ameisen zählen) bezeichnet, z. B. die **Wegwespen,** die keine Staaten bilden, sondern ihre Brut einzeln in Erdkammern mit gelähmtem Frischfleisch versorgen, oder die **Blattwespen,** ohne die typische »Wespentaille«, deren raupenähnliche Larven vegetarisch leben und daher vielfach als »Schädlinge« gelten. Schließlich gibt es noch die **Schlupfwespen,** eine Sammelbezeichnung für die Vertreter verschiedener Familien, deren Larven parasitisch leben (meist in anderen Insektenlarven) und daher als »Nützlinge« gelobt werden.

Wiesenmusikanten

Ihr Schwirren und Zirpen gehört unbedingt zur Stimmung eines sonnigen Sommertags. Leider ist es immer seltener zu hören, denn die Intensivlandwirtschaft raubt auch den »Geradflüglern« (Heuschrecken, Grillen etc.)

Das Große Grüne Heupferd (oben) gehört
(mit langen Fühlern) zu den Laubheuschrecken;
Feldheuschrecken (unten ein Weißrandiger
Grashüpfer) haben kurze Fühler.

Das Zirpen der Feldgrillen hört man nur noch selten.

die Lebensgrundlagen. Wiesen, die großflächig und bis auf die Narbe mehrmals im Jahr gemäht werden, sind bald heuschreckenleer und stumm, da den Wiesensängern nicht nur die Nahrung, sondern auch die Verstecke genommen werden: Sofern sie nicht schon ein Opfer der Kreiselmäher geworden sind, werden sie Vögeln und anderen Insektenjägern auf der kahlen Fläche zur leichten Beute. Wer daher im Garten etwas für die friedlichen Springer tun möchte, sollte vor allem seine Wiese niemals in einem Zug mähen und abräumen, sondern in Etappen, sodass immer genügend Verstecke für die Vertriebenen bleiben.

Die **Springschrecken**, von denen es in Mitteleuropa rund 80 Arten gibt, werden nach ihrer Fühlerlänge in Langfühlerschrecken (**Laubheuschrecken**, Grillen) und Kurzfühlerschrecken (**Feldheuschrecken**) unterteilt. Man kann die beiden Gruppen ganz gut an ihrem Gesang unterscheiden: Schrecken mit meist mehr als körperlangen **Fühlern** reiben ihre Flügel gegeneinander und erzeugen dabei (abgesehen von den Grillen) ein wenig gegliedertes, ziemlich gleichförmig schwirrendes Geräusch. Feldheuschrecken geigen dagegen mit den Hinterschenkeln an den Vorderflügeln und produzieren damit einen sehr **rhythmischen Gesang**. Wie bei den Vögeln singen fast nur die Männchen, um Weibchen anzulocken und ihr Revier gegen Rivalen zu markieren. Wer das gemütvolle Geigen der **Feldgrillen** in seinem Garten hören möchte, der muss für sonnige, eher kurzrasige Böschungen sorgen, in deren sandig-lehmigem Boden die Grillen ihre Gänge graben können.

Spiel- und Bastelideen rund um die Insekten im Garten

Wir basteln einen Insektenstaubsauger

Um die kleinen und oft schnellen Insekten besser kennenzulernen, wollen wir einige von ihnen **in Ruhe betrachten**. Das geht am besten, wenn man sie einfängt – natürlich ohne die Tiere dabei zu schädigen. Dafür gibt es ein billiges, leicht selbst zu bauendes Hilfsmittel: den »Insektenstaubsauger«. Alles, was man dazu braucht, ist ein leeres Filmdöschen (kostenlos in Fotogeschäften), Plastikschlauch in zwei Durchmessern (z. B. Aquariumschlauch) und ein Stückchen Feinstrumpfhose.

Und so wird's gemacht: In den Boden des Filmdöschens ein Loch mit dem Durchmesser des dünneren Schlauches bohren (z. B. 5 mm), in den Deckel ein Loch mit dem Durchmesser des dickeren Schlauches (z. B. 10 mm); am besten erbittest du dazu die Hilfe eines Erwachsenen. In die Löcher steckst du jeweils ein 2–3 cm langes Stückchen Schlauch, mit dem passenden Durchmesser. Dabei wird über das eine Ende des dünnen Schlauches ein Stückchen einer alten Feinstrumpfhose gestülpt und in dem Loch mit festgeklemmt.

Die **Verwendung** des Insektenstaubsaugers ist ganz einfach: Indem man durch das kleine Röhrchen Luft ansaugt, kann man mit dem großen Röhrchen ein Insekt in das Döschen einsaugen. Die Feinstrumpfhose verhindert, dass Insekten in den Mund gelangen.

Von dem Insektenstaubsauger lassen sich leicht mehrere Exemplare herstellen, und Kinder können dies – vielleicht mit Ausnahme des Löcherbohrens – auch selbst. Damit ergibt sich auch eine schöne Beschäftigung für Gäste beim Kindergeburtstag. Nun gehen die Kinder im Garten auf die Suche.

Aber wo finden wir eigentlich Insekten? Überlegt einmal selbst: an den Blättern von Sträuchern und Bäumen, auf Grashalmen und Blumen und auf dem Boden. Um kleine Krabbler im Blattwerk leichter zu erwischen, gibt es noch einen Trick: Du legst ein **weißes Tuch** unter einen Strauch oder Baum und schüttelst die Äste kräftig. Insekten fallen dadurch auf das Tuch, wo sie gut zu sehen und leicht zu fangen sind. Zum **Betrachten** der Tierchen, setzen wir sie in eine **Becherlupe** um. Sie ist im Spielzeuggeschäft für wenig Geld zu

Wer Kleinsttiere unter die Lupe nehmen möchte, sammelt sie am besten mit einem selbst gebauten »Staubsauger« auf (siehe Text).

Die Becherlupe ist ideal (besonders für Kinder), um kleine Tiere zu beobachten. Auch kleine Wassertiere kann man darin herumschwimmen lassen.

haben, sofern kleine Naturforscher dieses nützliche Hilfsmittel nicht ohnehin schon besitzen.

Der kleine Fallensteller

Eine weitere Möglichkeit, Insekten in unserem Garten kennenzulernen, ist das **Aufstellen von Fallen**. Insbesondere Arten, die sich am Boden aufhalten, lassen sich damit einfangen, und du kannst feststellen, welch kleine Lebewesen sich beispielsweise nachts im Garten tummeln – ohne dabei die ganze Zeit auf der Lauer liegen zu müssen.

So einfach lässt sich eine **Bodenfalle** anlegen: Eine leere Margarine- oder Quarkdose aus Kunststoff wird ohne Deckel mit der Oberkante bündig in den Boden eingegraben. Gib ein paar Blättchen und ein bisschen Erde hinein sowie etwas Nahrung als Lockmittel, z. B. kleine Apfel-, Käse-, Tomaten- oder Salatstückchen. Als Regenschutz wird die Falle mit einem Dach aus Holz bedeckt, dass auf vier kleinen Steinen ruht. Jetzt brauchen sich die Tierfänger nur noch auf die Lauer – oder ins Bett – zu legen und zu warten. Vergesst aber bitte nicht, die Falle **regelmäßig zu kontrollieren** und die Tiere wieder freizulassen.

Zur genaueren **Betrachtung** eignen sich die erwähnten Becherlupen. Ist die Falle voller Tiere, können Kinder diese auch »wissenschaftlich« **sortieren**, z. B. nach Insekten (sechs Beine), Spinnentiere, (acht Beine), Hundertfüßern (ein Beinpaar je Körpersegment) oder Tausendfüßern (zwei Beinpaare je Körpersegment) sowie nach Schnecken, Würmern und unbekannten Tieren.

Nachtfalterkino

Nachfalter sind die klassischen Nachtflieger unter den Insekten. Möchtet ihr an einem lauen Sommerabend nicht einmal das »Nachtfalterkino« besuchen? Der Weg dorthin ist nicht weit, er führt einfach nur in euren Garten. Die Leinwand bildet ein weißes Tuch, zwischen Bäumen oder an der Hauswand aufgehängt. Dieses strahlen wir mit einer **starken Lichtquelle** an und sehen zu, wie sich die Nachtfalter nach und nach auf dem Tuch versammeln.

Mit einer **Handlupe** lassen sich die Tiere genau betrachten. Obwohl sie – im Gegensatz zu den bunten Tagfaltern – in unscheinbaren

Braun- und Beigetönen gefärbt sind, tragen auch Nachtfalter schöne Muster. Bestimmt fällt euch die starke Behaarung einiger Tiere auf. Sie ist ein Schutz gegen das Verschluckt-werden durch nächtliche Räuber. Die Haare kratzen diese so stark im Hals, dass ihnen der Appetit vergeht. Vielleicht sehen wir während der Kinovorführung sogar den einen oder an-deren dieser Räuber. Meist huschen sie nur als flatternde Schatten vorbei: Fledermäuse.

Wie finden Bienen und Ameisen Futter?

Wenn eine Biene eine gute **Futterquelle** ge-funden hat, kann sie Entfernung und Richtung dorthin ihren Stockgenossinnen mitteilen. Dies lässt sich schön verfolgen, wenn man aus buntem Papier mehrere Blüten in ver-schiedenen Farben ausschneidet (ca. 5 cm Durchmesser) und diese auf dem Rasen aus-legt. Jeweils in die Mitte stellen wir ein kleines Gefäß (z. B. Flaschendeckel). Einer dieser Deckel enthält etwas **Zuckerwasser**. Bei schönem Wetter – und vorausgesetzt, es gibt Bienenvölker in fer Nähe – kannst du beob-achten, wie zunächst eine Biene zufällig die bunten Blüten entdeckt und untersucht. Schnell findet sie die Zuckerlösung und nascht davon. Dann dauert es nicht lange, bis andere Bienen kommen und sich um das Gefäß mit der süßen Flüssigkeit scharen. Auf-grund der »Wegbeschreibung« der ersten Biene finden die nachfolgenden sofort die richtige Blüte mit dem Zuckerwasser.
Ameisen – eng mit den Bienen verwandt – geben ebenfalls **Nachrichten über Futterquel-len** untereinander weiter. Im Gegensatz zu

Tipps für Kinder

Heuschreckenhochzeit

Material: Für die eine Hälfte der Kinder Augenbinden, für die andere Hälfte je einen Kamm und ein Stöckchen.
In einem abgegrenzten Raum stellen sich die sehenden Kinder auf, beginnen mit dem Stöckchen über die Kammzinken zu strei-chen und imitieren so den Gesang der Heu-schreckenmännchen. Die Kinder mit Augen-binden suchen sich nun einen Partner, indem sie sich hörend orientieren. Sobald sich ein Paar gefunden hat, verstummt der Gesang des »Männchens«.

Bienen orientieren sich bei ihren Nahrungsflügen auch an Farben und Düften. In einfachen Versu-chen lässt sich das nachweisen (siehe Text).

Die kunstvoll angelegten unterirdischen Bauten von Ameisen kann man in (abgedunkelten) Glaskästen sichtbar machen. Man muss aber darauf achten, dass auch eine Königin dabei ist, die für Nachwuchs sorgt.

den Bienen, die die Quelle durch bestimmte Bewegungen beschreiben (»Bienentanz«), geschieht dies bei Ameisen über Düfte, die sie beim gegenseitigen Betrillern mit ihren Fühlern weitergeben (»Ameisenkuss«). Habt ihr im Garten Ameisen entdeckt, kannst du etwas Futter in deren Nähe aufstellen, z. B. einen kleinen Deckel mit Honig, ein Stückchen Käse, Fleisch oder reifes Obst. Haben die ersten Tiere die Futterquelle gefunden, folgen schnell weitere. Legen wir jetzt ein Blatt Papier auf den Weg der Ameisen, wird auf diesem ebenfalls eine **Spur durch Düfte markiert**. Dies lässt sich feststellen, wenn du das Papier nach einer Weile drehst: Die Ameisen ändern ihre Laufrichtung ebenfalls.

Eine Ecke für kleine Krabbler

Für viele der angesprochenen Insekten lässt sich ganz einfach ein kleines **Biotop** bauen. Wenn noch eine Ecke im Garten übrig ist, können **Kinder** dort **experimentieren**. Legt mit Hilfe eurer Eltern ein Stückchen Blumenwiese für Schmetterlinge an, (Samenmischungen gibt es im Handel oder bei Naturschutzverbänden) oder bittet sie einfach, ein paar Brennnesseln und Brombeeren wachsen zu lassen. Weitere Verstecke und Lebensräume bilden einige aufeinandergelegte Steine, totes Holz, alte Blumentöpfe oder eine Steinplatte auf dem Boden. Letztere nutzen gerne Ameisen, um darunter ihr Nest im Trockenen zu bauen. Durch vorsichtiges Anheben der Platte könnt ihr dann das Nest beobachten und entdeckt darin vielleicht Eier, Larven und Puppen in den Bruträumen, die Vorratskammer, das Gemach der Königin oder die Totenkammer. Die Kleintierecke bietet jeden Tag die Möglichkeit für neue Entdeckungen. Wer will, kann Insekten zusätzlich durch etwas ausgelegtes Futter anlocken. Empfehlenswert ist zudem eine kleine Insektentränke: Füllt dazu einfach einen Blumenuntersetzer regelmäßig mit Wasser.

Nisthilfen für Wildbienen

Zur Anlage von Nisthilfen für Wildbienen eignen sich verschiedene Materialien: Ziegelsteine, Holzklötze, Schilf- oder Strohhalme. Alle müssen **röhrenförmige Löcher** besitzen, am besten mit unterschiedlichen Durchmessern zwischen 2 und 8 mm, die an einem Ende verschlossen sind. Bohre (mit Hilfe deiner Eltern) also einfach in Holzklötze oder Ziegelsteine entsprechende Löcher, die jedoch nicht ganz durchgehen. Die Löcher sollten eine Länge von 5–10 cm und 2 cm Abstand zueinander aufweisen. Nadelholz ist weniger geeignet, da die Bohrlöcher hier beim Herausziehen des Bohrers auffasern und die Bienen glattwandige Röhren bevorzugen. Eine andere Möglichkeit ist das Zusammenbinden von ca. 10 cm langen Stroh- oder Schilfhalmen zu einem Bündel; das hintere Ende wird mit Lehm verschlossen. Stecke nun die Bündel in leere Konservendosen oder Abschnitte von Plastikrohren. So ist die Brut im Winter vor hungrigen Meisen und Spechten geschützt, die die Halme sonst aufhacken.

Das Leben unter Steinen oder Brettern ist erstaunlich vielfältig. Da findet man Kellerasseln, Tausendfüßer, Saftkugler, Käfer, Spinnen und Würmer in reicher Auswahl – Tiere, die man sonst nur entdeckt, wenn man in Laubstreu oder Komposthaufen wühlt. Für Kinder ist das wie Ostereiersuchen – und eine gute Gelegenheit, ihnen eine Geschichte darüber zu erzählen, wie diese Tiere leben und welche Bedeutung sie für den Abbau von Abfällen haben.

Die Nisthilfen müssen an einem trockenen, windgeschützten und möglichst sonnigen Ort waagrecht aufgehängt werden und über Winter draußen bleiben. Sie sollten fest angebracht sein, nicht im Wind hin und her baumeln. Gute Stellen sind unter einem Vordach, Balkon oder einer Pergola. Die Bündel aus Stroh oder Schilf kann man auch einfach unter einem Fensterbrett befestigen.

Brutröhren für Wildbienen sind »kinderleicht« herzustellen. In die Bohrlöcher werden die Eier abgelegt.

Nisthilfen für einzeln lebende Wespen und Bienen

Material: Schilfstängel, Holunderäste, Schneckenhäuser usw., Holzklötze, Lehm, Weidenzweige.

Neben den sozial lebenden Wespen und Bienen gibt es viele Arten, bei denen die Weibchen allein für ihren Nachwuchs sorgen. Die Brutpflege dieser Arten erfolgt nach folgendem Schema: Ein Ei mit Proviant (Nektar/Pollen bei Bienen, tierische Nahrung bei Wespen) wird in eine Röhre gelegt, die daraufhin verschlossen wird. Die aus dem Ei geschlüpfte Larve ernährt sich vom Proviant, verpuppt sich in der Brutröhre und bricht nach dem Schlüpfen aus eigener Kraft den Verschlussdeckel der Röhre auf. Je nach Art werden selbstgegrabene Erdröhren, hohle Stängel oder Mauerritzen als Brutkammern genutzt. Die Wände der Brutzellen und der Verschluss der Brutröhre können aus Harz, Lehm, Drüsensekreten, Blattstücken, Erde, Steinchen usw. bestehen. Die einzeln lebenden (solitären) Wildbienen und Wespen leiden sowohl unter Umweltschäden als auch unter mangelnden Nistmöglichkeiten. Um ihnen Brutplätze zu bieten, lassen sich einfache Nisthilfen basteln.

1. Gebündelte, hohle Pflanzenstängel

Hohle Stängel mit verschiedenem Durchmesser werden gebündelt an einer sonnigen, wettergeschützten Stelle aufgehängt. Das hintere Ende des Stängels muss durch den Stängelknoten oder Lehm geschlossen sein.

2. Insektenholz

In einen kleinen Holzklotz werden unterschiedlich große Löcher (Durchmesser 2–12 mm; Tiefe 2–12 cm) gebohrt. Die Gänge sollten leicht schräg ansteigen, damit kein Regenwasser hineinlaufen kann. Ebenfalls an einer sonnigen, wettergeschützen Stelle aufhängen.

3. Lehmwand

Das Grundgerüst bildet eine Flechtwand aus Weiden, die mit einer dicken Schicht eines

Eine andere Möglichkeit, Brutröhren für solitäre Bienen zu schaffen: Schilfstängel schneiden und bündeln.

Lehm-Stroh-Gemischs beworfen wird. In die mindestens 5 cm dicke Lehmwand werden einige Löcher unterschiedlicher Größe gebohrt, einen Teil der Fläche lassen wir für »Selbstgräber« frei.

4. Sandkasten

In einem gut besonnten Teil des Gartens wird der Mutterboden etwa eine Spatenlänge tief abgetragen. Die Vertiefung wird zuerst mit einer Schicht Kies und dann mit Sand aufgefüllt. Zusätzlich können leere Schneckenhäuser auf dem Sand angeboten werden.

Tipps für Kinder

Die Suche nach dem richtigen Bienenstock

Material: Verschiedene Duftöle

Bienen erkennen ihren Stock wieder, indem sie sich die örtliche Lage und Geländemarken einprägen. Heimkehrer sind darauf angewiesen, den richtigen Stock zentimetergenau zu finden. Wenn sie sich verfliegen, werden sie von den Wächterinnen der fremden Bienenvölker angegriffen und vertrieben. Stehen viele Bienenstöcke nebeneinander, findet die Nahorientierung durch verschiedenfarbig markierte Eingänge und durch den individuellen Stockgeruch statt.

Spielidee: Aus der Gruppe der TeilnehmerInnen werden Wächterinnen bestimmt, die auf einer Wiese vor ihren Bienenstöcken stehen. Jeder Bienenstock bekommt einen eigenen Geruch (Duftöl auf der Hand der Wächterin). Die Teilnehmer werden aufgefordert, die Augen zu schließen und bekommen vom Spielleiter einen Geruch auf ihre Hand geträufelt. Anschließend müssen sie von Bienenstock zu Bienenstock fliegen, um herauszufinden, zu welchem Volk sie gehören. Fliegt die Biene zu einem falschen Volk, wird sie von der Wächterin vertrieben. Das Spiel dauert so lange, bis alle Bienen ihren Stock gefunden haben. Diese Spiel eignet sich hervorragend, um Gruppen einzuteilen.

Tipps für Kinder

Bienen unterscheiden Farben

Material: Karton in verschiedenen Farben, kleine Schälchen, Zucker.

Honigbienen können die verschiedenen Farben der Blüten unterscheiden. Wir können das folgendermaßen nachweisen: Aus 5–8 verschiedenfarbigen Kartons schneiden wir möglichst gleiche Formen und Größen aus, also lauter Quadrate von 10 × 10 cm oder lauter Blütenattrappen von etwa gleicher Größe. Diese legen wir auf einer möglichst einfarbigen Fläche – auf dem Rasen oder auf einem Tisch – aus. In die Mitte von jedem Farbkärtchen kommt dann ein kleines Schälchen (Kronkorken genügt). Alle werden mit Wasser gefüllt, nur in eins (z. B. auf Gelb) kommt Zuckerwasser.

Nach einer Weile wird das Zuckerwasser von einer Biene entdeckt und mit der Zeit von immer mehr Bienen besucht werden. Nun tauschen wir das Zuckerwasserschälchen mit einem Wasserschälchen auf einem anderen Farbkarton. Die Bienen werden immer wieder versuchen, auf Gelb nach Zuckerwasser zu suchen.

Es summt und brummt im Bienenvolk

Material: Gummi, Korken, Sperrholz (alte Gemüsekisten), Pappe, Schnur, Malfarben, Heftklammer-Apparat.

Im Frühling ist die Luft unter einem blühenden Apfelbaum oder Weißdornstrauch erfüllt von einem ständigen Brummen und Summen. Diese Fluggeräusche kommen durch das Schwirren der Flügel zustande. Auch an einem Bienenstand lässt sich das monotone Brummen vernehmen. Zur chemischen Orientierung verströmen hier »sterzelnde« Arbeiterinnen mit ihren Flügelschlägen Duftstoffe. Ein Imker erkennt ein Volk ohne Königin am aufbrausenden Geräusch, wenn er den Bienenkasten öffnet.

Bastelidee: Die Bienen-Summ-Brumm-Schleuder

Mit einfachen und billigen Materialien lassen sich sehr effektvoll brummende Schleudern basteln. Dazu zeichnen wir auf eine feste Pappe den Umriss einer Biene und malen sie farbig an. Nach dem Ausschneiden (Achtung, die untere Kante muss gerade abgeschnitten werden!) wird die Pappe an der geraden Kante auf ein Sperrholzleistchen geklammert. An den beiden Enden des Leistchens schnitzen wir aus einem Flaschenkorken zwei Halterungen (Halbmond mit Kerbe), in welche das Leistchen gesteckt wird. Um beide Halterungen wird ein Gummi gespannt. Eine Schnur wird am vorderen Ende der Schleuder befestigt. Wird die Schleuder in kreisende Bewegung versetzt, erzeugt sie einen bis ins Rückenmark gehenden Summton.

Tipps für Kinder

Raupenglas

Besorgt euch ein großes Einmachglas, ein Drahtgitter und etwas Gaze. Besser noch ist ein kleiner, an den Seiten und oben mit Maschendraht bespannter Holzkäfig. Die Zeichnung zeigt, wie ihr das Glas herrichten müsst. Schneidet nun einige frische Brennnesselstängel ab und steckt sie so durchs Bodengitter, dass sie ins Wasser hineinreichen. Erneuert die Pflanzen regelmäßig. Stellt eine Staude mit einigen Raupen (ca. 3–4) in das Glas. Das Gefäß sollte nicht in der prallen Sonne stehen. Dort könnt ihr beobachten, wie die Raupe frisst, sich häutet und verpuppt. Wenn ihr Glück habt, könnt ihr sogar das Schlüpfen eines Falters miterleben. Ist der Schmetterling flugbereit, solltet ihr ihn natürlich in die Freiheit entlassen. Diesen Versuch dürft ihr nur mit Schmetterlingen machen, die nicht unter Naturschutz stehen.

Die Scheu vor Raupen lässt sich durch kindliche Neugier überwinden: In einem mit Gaze abgedeckten großen Glas kann man die Verwandlung zur Puppe und schließlich das Schlüpfen eines Schmetterlings verfolgen.

Literatur

Bezzel, E.: Vögel – Treffsicher bestimmen mit dem 3er-Check; BLV Verlagsges., München, 2008

Bezzel, E.: Vögel im Jahreslauf; BLV Verlagsges., München, 2007

Blab/Vogel: Amphibien und Reptilien erkennen und schützen; BLV Verlagsges., München, 2002

Burnie, D.: 101 spannende Experimente aus der Natur, Loewe Verlag, Bindlach, 1998

Chinery, M.: Insekten Mitteleuropas; Verlag Paul Parey, Hamburg und Berlin, 1979

Chinery, M.: Naturschutz beginnt im Garten, Otto Maier Verlag, Ravensburg, 1986

Dierl, W.: Insekten; BLV Verlagsges., München, 2009

Dietz, M.: Info-Ordner Fledermäuse für Architekten und Hausbesitzer. Bezug über M. Dietz, AK Wildbiologie Gießen, Tel. 0641-75143, info@batline.de

Dietz, M.: Schulordner Fledermäuse für Lehrer und Naturschutzgruppen. Bezug über M. Dietz, AK Wildbiologie Gießen, Tel. 0641-75143, info@batline.de

Engelhardt, W.: Was lebt in Tümpel, Bach und Weiher? Kosmos, Stuttgart, 2008

Gabler, E.: Nistkästen und Futterhäuschen; Bauanleitungen und Praxistipps; BLV Verlagsges., 2005

Harlow, R. u. Morgan, G.: Kleinen Tieren auf der Spur, Südwest Verlag, München, 1992

Horn/Kögel: Käfer; BLV Verlagsges., München, 2008

Kightley, C., S. Madge, D. Nurney: Taschenführer Vögel – Alle Arten Mitteleuropas; BLV Verlagsges., München, 2000

Landesbund für Vogelschutz (LBV) Broschüre: Natürlich lernen, Thema Schmetterlinge

Landesbund für Vogelschutz (LBV) Broschüre: Natürlich lernen, Thema Bienen, Wespen, Ameisen

Lohmann, M.: Das praktische Igel-Buch; BLV Verlagsges., München, 2007

Lohmann, M.: Die Kinderstube der Vögel; BLV Verlagsges., München, 2000

Lohmann, M.: Tagfalter; BLV Verlagsges., München, 2001

Lohmann, M.: Tiere in Wald und Flur; BLV Verlagsges., München, 2001

Lohmann, M.: Vögel am Futterhaus; BLV Verlagsges., München, 2008

Lohmann, M.: Vogelparadies Garten; BLV Verlagsges., München, 2002

Lohmann/Roché u. a.: Singvögel – mit Vogelstimmen-CD; BLV Verlagsges., München, 2009

Ludwig, H. W.: Tiere und Pflanzen unserer Gewässer; BLV Verlagsges., München, 2001

Pott, E.: Bach – Fluss – See; BLV Verlagsges., München, 2001

Rietschel, S.: Insekten – Treffsicher bestimmen mit dem 3er-Check; BLV Verlagsges., München, 2008

Siemers/Nill: Fledermäuse – Das Praxisbuch; BLV Verlagsges., München, 2002

Steinbach, G. (Hrsg.): Lurche und Kriechtiere, Mosaik Verlag, München, 1986

Nützliche Adressen

Unter dem entsprechenden Stichwort finden Sie viele weitere Adressen im Internet.
Suchen Sie im Telefonbuch auch nach einem Naturschutz- oder Umweltzentrum in Ihrer Nähe.

ALA, Schweizerische Gesellschaft für Vogelkunde und Vogelschutz, Krähenbergstr. 53, CH-2543 Lengnau BE, 065-525895 (siehe auch kantonale und lokale Vertretungen)

Artenschutzzentrum Thüringen, Preissnitzberg 5, D-07389 Rauns, 03647-413826

Biologische Station Serrahn, D-17237 Serrahn/Neustrelitz

Bund für Umwelt- und Naturschutz Deutschland (BUND), Bundesgeschäftsstelle, Am Köllnischen Park 1, D-10179 Berlin, 030-275864-0, E-Mail: bund@bund.net (siehe auch Landesgeschäftsstellen)

Bund Naturschutz in Bayern, Dr.-Joh.-Maier-Str. 4, D-93049 Regensburg, 0941-297200 (Adressen der Kreis- und Ortsgruppen finden Sie im Telefonbuch oder im Internet unter www.bund-naturschutz.de)

Igelfreunde Österreichs, Sonnenweg 5, A-5300 Hallwang, 0662-663125

Institut für Vogelforschung »Vogelwarte Helgoland«, An der Vogelwarte 21, D-26386 Wilhelmshaven, 04421-61800

Landesbund für Vogelschutz in Bayern (LBV), Landesgeschäftsstelle, Eisvogelweg 2, 0-91161 Hilpoltstein, 09174-47750 (siehe auch Bezirks-, Kreis- und Ortsgruppen im Telefonbuch)

Naturschutzbund Deutschland (NABU), Bundesgeschäftsstelle, Charitéstraße 3, D-10117 Berlin, 030-28 49 84-0, E-Mail: nabu@nabu.de (siehe auch Landesverbände und Ortsgruppen)

Naturschutzzentrum Annaberg, Am Sauwald 1, 0-09487 Schlettau-Dörfel, 03733-562944

Österreichische Gesellschaft für Vogelkunde, Burgring 7, A-1014 Wien, 01-934651

Österreicher Naturschutzbund, Haus der Natur, Arenberggasse 10, A-5020 Salzburg, 0662-642909

Pro Igel, www.pro-igel.de, Igel-Hotline: 0180-5555-9551

Schweizer Vogelschutz (SVS), Zurlindenstr. 55, CH-8003 Zürich, 01-4637271

Schweizer Bund für Naturschutz (SBN), Postfach, CH-4020 Basel, 0161-3127442

Bezugsquellen

Emba Vogelschutzbau, Schnurgasse 17, 74653 Künzelsau

Vogelschutzgeräte K. *Grund*, Herzog-Ludwig-Str. 24, D-93333 Neustadt/Donau

Peka Vogelfutter, Peter Kölln KGaA, Westerstraße 22–24, D-25336 Elmshorn, 04121-648-0, E-Mail: kontakt@peka.de

Schwegler, Vogel- und Naturschutzprodukte, Heinkelstr. 35, D-73614 Schorndorf, 07181-977450, www.schwegler-natur.de

Vogelschutzgeräte G. *Strobel*, Tulpenstr. 10, D-71093 Weil im Schönbuch

Vivara, Tierfutter, Steyler Straße 248, D-41334 Nettetal, 0180-3848272, www.vivara.de

Stichwortverzeichnis

Seitenzahlen mit * verweisen
  auf Abbildungen

Abbau der organischen
  Abfälle   19
Abendsegler   117, 119*
Aberglaube   107
Abfall   11, 18
Ameisennest   148*
Amphibien   56
Amsel   30, 35*
Äskulapnatter   79
Aspisviper   79
Ausstiegshilfe für Igel   98*

Bachstelze   30
Bartfledermaus   116
Batdetektor   112
Baumhöhle   24*
Baumruine   24
Baumschläfer   129
Becherlupe   145, 146*
Bedrohte Arten   37
Bergmolch   74
Bestäubung   139
Bestimmungsbücher   51
Beweglichkeit   9, 13
Bienenstock   151
Biomasse   10
Biotop   148
Blattlaus   10*
Blaumeise   13*, 30
Blindschleiche   79, 81, 81*
Blumenwiese   22*
Bodenbewohner   17
Bodenerhebung   18
Bodenfalle   146
Bodenmulde   18

Braunes Langohr   117
Braunfrosch   69, 72
Breitflügel-Fledermaus   111*,
  117
Buchfink   30
Buntspecht   30, 32*
Busch, Wilhelm   92

Darwin, Charles   20
Duftspur   148

Echoortung   107, 110, 122
Eichhörnchen   129, 130*
Erdhummel   143*
Erdkröte   58*, 66, 67
Erdschnake   21

Fadenmolch   75
Falllaub   18
Feldmaus   126*
Felsbrüter   29
Fernglas   48, 49, 50
Feuersalamander   74
Fische im Gartenteich   66
Flachwasserzone   63
Fledermauskasten   114, 118
Freibrüter   31
Fuchs   131
Futterhaus   39
Futtersäule   40, 41*
Futterschütte   42*
Futtersilo   41*

Gartenbaumläufer   30
Gartenrotschwanz   30
Gartenschläfer   129

Garten-Spitzmaus   121, 121*
Gartenteich   56*, 60, 65*
Gäste der Gärten   8
Geburtshelferkröte   58
Geländerelief   16, 17
Gemüsebeet   8
Glattnatter   83
Gleichgewicht   10
Grasfrosch   72
Grashüpfer   144*
Grauschnäpper   30
Grille   144
Größe des Gartens   16
Großes grünes Heu-
  pferd   144*
Grünfrosch   69

Halbhöhlenbrüter   31, 46
Hase und Igel   91*
Haselmaus   126, 128*
Hausmaus   126
Hausrotschwanz   30
Haussperling   30
Haus-Spitzmaus   121, 122*
Haustaube   30
Haustier   8
Hecke   25
Hermelin   130
Heuschrecke   23*, 144
Hochzeitskleider   74
Höhlenbrüter   31
Honigbiene   141
Hornisse   143, 143*
Hufeisennase   111
Hummel   142
Humus   20

Igel   90
Igeljunge   100*
Igelkarussell   99
Igelpaarung   100*

Igelwohnung   96
Iltis   131
Insekten   11
Insektenfresser   123
Insektenstaubsauger   145

Jagdrevier   113

Kammmolch   74
Kaninchen   120
Kaulquappe   61, 67
Käferlarve   21
Kellerschacht   105
Kescher   59
Kleiber   30
Kleine Hufeisennase   112*
Kleiner Fuchs   13*
Kleingewässer   61
Kleinorganismen   11
Kohlmeise   30, 37*
Komposthaufen   105
Körnerfresser   39
Krankheit   10
Krautschicht   34
Krebsschere   65*
Kreislaufwirtschaft   18
Kreuzotter   79
Kröte   66
Kunststoffnetz   105

Laichklumpen   73
Laichwanderung   66
Landwirt   106
Langschwanzmaus   126
Larve   64
Laubfrosch   58, 71*
Lautäußerung (von Igel)   101
Leben im Boden   18
Lebensanspruch   12
Lebensmöglichkeit   9

Lurch   57

Marienkäfer   10*
Mauer   85
Mauerbiene   141
Mauereidechse   79
Mauersegler   30
Maulwurf   21, 123*
Maulwurfsgrille   21
Mausohr   108*, 116
Mauswiesel   130
Mehlschwalbe   30, 46*
Meisenknödel   40
Minierende Larve   23
Molch   58, 74
Mönchsgrasmücke   28, 30, 31*
Mondvogel   139
Monokultur   10
Mücke   64

Nachbar   12
Nachtfalter   135
Nachtfalterkino   146
Nadelbaum   33
Nahrungsgrundlage   10
Nahrungskette   11
Nahrungsnetz   9
Naturgartenbewegung   8
Naturschutz   14, 37
Naturschutzbehörde   118
Naturschutzverein   118
Natursteinmauer   86
Nesträuber (Schutz vor)   44, 48
Nisthilfe für Bienen   150
Nisthilfe für Wildbienen   149
Nistkasten   43, 45*
Nistkastengrößen   44
Nützlinge   8

Ökologische Nische   9
Orientierung von Bienen   147

Parasiten   104
Pflegearbeiten   106

Rasen   35
Ratte   126
Räuber-Beute-Beziehung   10
Rauchschwalbe   30
Raupe   13*, 23, 136*, 139*
Raupenglas   153
Regenwurm   19, 20*
Reisighaufen   95, 105
Reptilien   78
Ringelnatter   77*, 82
Rotfuchs   131
Rotkehlchen   11*, 30, 49*

Samenstand   35
Schermaus   124
Schlange   76
Schlingnatter   79, 83*
Schmetterlingsbiotop   136
Schmetterlingsraupe   139
Schnecke   73
Schneckenrennen   68
Schnitthecke   33
Schwalbenschwanz   137*
Seidenschwanz   51*
Siebenschläfer   128
Smaragdeidechse   79
Sommerquartier   112
Spinne   25
Spitzmaus   121
Star   9*, 30, 47*
Stechmücke   64
Steinbiotop   58
Steinhaufen   84
Steinlebensraum   85

Steinmarder   130, 131*
Stieglitz   34*
Stoffkreislauf   19
Straßentaube   30
Strukturen der Vegeta-
   tion   16
Stützmauer   86
Sumpfmeise   29*, 30
Sumpfschildkröte   79

Tagfalter   135
Tannenmeise   30
Taubenschwänzchen   136,
   138*
Tausendfüßer   18*
Teichfrosch   58, 69
Teichmolch   74
Terrasse   87
Tollwut   108
Trockenmauer   84
Tucholsky, Kurt   92
Tümpel   62
Türkentaube   30, 33*

Uferröhricht   63
Ultraschalldedektor   111

Umfeld des Gartens   12
Unke   58

Vampir   108
Verbrennen von
   Reisighaufen   105
Verpuppung   139
Vogelbad   43*
Vogelfütterung (Sinn und
   Zweck)   38
Vogelstimmen   52
Vogeltränke   42, 43*

Wacholderdrossel   30
Waldeidechse   79, 80
Waldvögel   28, 31
Wanderung   116
Wasserfrosch   58, 69, 70*
Wasserlinsenversuch   60
Weichfutterfresser   39
Wespe   142*
Wiese   137, 144
Wiesel   130
Wiesentiere   23
Wildbiene   141

Wildstrauchhecke   25, 138
Winterfütterung   36
Wintergäste   29
Winterquartier   112, 116, 124
Winterruhe   72
Winterschlaf   95, 102
Wochenstube   116
Wühlmaus   21, 124*, 125
Würfelnatter   79
Wurmkasten   19*

Zauneidechse   78, 79, 80*
Zaunkönig   30, 52*
Ziergarten   8
Zilzalp   30
Zitronenfalter   140*
Zwergfledermaus   109*, 117*
– in der Wohnung   119
Zwergmaus   127*
Zwergspitzmaus   121

Über den Autor

Dr. Michael Lohmann wurde 1933 in Berlin geboren. Er studierte Biologie in München und arbeitete anschließend mehrere Jahre wissenschaftlich in Deutschland und den USA. Seit vielen Jahren ist er freiberuflich tätig als Autor naturkundlicher Ratgeber und engagiert sich seit 50 Jahren im Naturschutz. Er leitet Führungen in die Lebensräume seiner jetzigen Heimat am Chiemsee und ist begeisterter Feldornithologe. Die Ratschläge in diesem Buch beruhen auch auf seinen langen Erfahrungen mit einem großen Naturgarten.

Bildnachweis

Ewert: 57
Groß: 9, 34, 49, 109, 116, 122, 131u, 138, 140, 142
Hecker: 17, 35, 40o, 40m, 40u, 41u, 51, 58, 59, 77, 80, 82, 117r, 132/133, 137, 141r, 143r, 143l, 146
Igelhilfe e.V.: 100o
Kompatscher: 68, 147
König: 18
Limbrunner: 13l, 13r, 20, 24, 32, 33, 37, 46, 54/55, 61r, 65, 70, 81, 87, 88/89, 94, 100u, 101, 107, 108, 111, 112, 113, 114, 117l, 119, 120, 126, 131o, 135, 141l
Niehoff: 42u, 44, 61l, 73, 84, 134, 139, 148, 149, 150, 151, 153
Mestel/Hecker: 26/27
Pforr: 1, 2/3, 10, 16, 22, 28, 41o, 43, 45l, 45m, 45r, 47, 52, 60, 64, 71, 72, 75, 83, 86, 92, 102, 103, 123, 124, 127, 136, 145
Reinhard: 6, 15, 21, 25, 29, 36, 56, 63, 85, 93, 95, 97, 98, 104, 121, 129, 130
Sauer/Hecker: 31
Wothe: 50, 69, 96, 106
www.schwegler-natur.de: 48
www.vivara.de: 38, 39
Zeininger: 11, 23, 67, 74, 79, 128l, 128r, 144o, 144m, 144u

Computergrafik
Jörg Mair: 42o
Gemke Marlene: 115
Menke Sandra: 19

Die Kinder- und Hausmärchen der Brüder Grimm, 2003. Der Kinderbuchverlag in der Verlagsgruppe Beltz, Weinheim und Basel: 91

Bibliographische Information der Deutschen Bibliothek

Die Deutsche Bibliothek verzeichnet diese Publikation in der Deutschen Nationalbibliographie; detaillierte bibliographische Daten sind im Internet über http://dnb.ddb.de abrufbar.

BLV Buchverlag GmbH & Co. KG
80797 München

© 2009   BLV Buchverlag GmbH & Co. KG, München

Umschlagfotos: D. Usher/Arco Digital Images (Vorderseite), Hecker (Rückseite)

Lektorat: Dr. Friedrich Kögel, Dr. Eva Dempewolf

Herstellung: Hermann Maxant

Satz: Satz + Layout Peter Fruth GmbH, München

Gedruckt auf chlorfrei gebleichtem Papier

Printed in Germany · ISBN 978-3-8354-0468-7

Buch und CD im Kombipack

Michael Lohmann/Jean C. Roché u.a.
Singvögel
Im Buch: 80 Singvögel mit Kompaktinfos zu Aussehen, Merkmalen
und Stimme · Auf beigelegter CD: Gesänge und Rufe aller im
Buch gezeigten Arten mit Ankündigung jeder Vogelstimme durch
eine eigene Ansage.
ISBN 978-3-8354-0466-3

Bücher fürs Leben.